U0325233

o

巡山报告

如何理解一种
全新疾病

王立铭 著

湖南科学技术出版社

致未来

推荐序 一

《巡山报告》是王立铭教授在 2019 年开始的一项宏大的计划。年轻的立铭教授想用 30 年的时间，持续观察和分析全世界范围内，特别是中国大地上发生的生命科学重大事件，按月发布报告，并在每年年底整理其中的重大事件汇集成书。我觉得，他这项雄心勃勃的计划兼具时代观察和历史文献的双重价值，定能够帮助相关领域的从业者看清生命科学进展的历史沿革和未来方向，帮助更多的人理解生命科学技术对人类世界将要产生的深刻影响。

　　当今时代生命科学技术发展日新月异。作为一门以生命，特别是我们自己身体为研究和审视对象的学科，生命科学的发展将带动医学的进步，提高人类的生活质量，但它也有可能危及人类尊严与根本的道德和伦理底线，为整个人类世界带来负面影响乃至灾难。而由于基础研究特性使然，很多时候，生命科学的突破在刚刚出现的时候，可能人们还不能完全领会它的价值，需要相当长的一段时间，才会展示出它的重要影响。这就需要我们在审视生命科学进步的时候，兼具历史和未来的双重视角，甚至站在人类文明发展的战略高度，做及时和理性的度量。在我们中国的土地上，伴随着科学研究的快速进步，对正在发生、将要发生的生命科学进展中的众多事件，也需要给予仔细的审视、梳理和探究。

我认为王立铭教授是能够开启这项工作，并完成这份事业的。立铭教授是一位优秀的神经生物学家，同时又是生命科学领域一位出色的科普作家。从 2015 年起，他已经出版了几本大众科普著作，如《吃货的生物学修养》《上帝的手术刀》《生命是什么》《笑到最后》，都受到了各领域读者的广泛认同，产生了巨大的社会影响。立铭教授的作品有非常突出的优点，他仍工作在生命科学研究第一线，熟悉科学研究的规律和逻辑，因此在讨论重大科学问题和最新技术突破的时候，相关科学知识丰富准确、有根有据、逻辑严密。而且，他擅长把当下正在发生的科学技术事件，放在更大尺度的时空背景下进行审视，讨论它们的历史渊源和未来可能的发展趋势。正如立铭教授所说，我们需要习惯把当下许许多多正在发生的科学事件，放到更大的时空尺度里去冷静分析，看清楚它可能对我们每个人，对我们所有人，意味着什么。在我看来，这正是理解科学发展和文明演进逻辑的好方法。作为一位科学家，立铭教授还拥有让人惊喜的叙事技巧和难能可贵的人文关怀。在他的笔下，高深复杂的科学事件总能够化作一个个抽丝剥茧、引人入胜的科学故事，即便是外行也能读得津津有味并沉浸其中，并且在掩卷之后忍不住去思考这些故事背后蕴含的意义。

在我看来，立铭教授和他的《巡山报告》计划，将会是我们这个时代难能可贵的科学思考，也将会是我们这个时代留给未来的宝贵遗产。我想，不管你是生命科学的研究者，还是相关产业的从业者，又或者是对生命科学充满兴趣的普通人，都值得读读王立铭教授的这本书，也应该持续关注他的《巡山报告》计划。就像立铭教授自己在后记中说的那样，他的书里描绘的是正在发生的历史，正在伸展的未来。这些发生在当下的重要事件，也一定会在未来反复回响。

韩启德

北京大学科学技术与医学史系主任

中国科学技术协会名誉主席

　　　　　　　　　　　　如何理解一种全新疾病

推荐序 二

来，这边走

当我还很年轻青涩的时候，我根本读不懂沃尔特·惠特曼。我不理解为什么他能从一个仍然粗俗、狂野、偏执的国家里看出诗意。后来，我才明白，伟大一开始往往就是这样的。

伟大一开始是混乱的，狂躁的，笨拙的，迟疑的，黯淡的，焦虑的，迷茫的，时常走错路，时常自我怀疑，总是习惯模仿甚至抄袭，总是处在边缘地带，总是被人冷落和误解。

然后，伟大要经受挫折，经历磨难，经过转变，才能变成公认的伟大。

伟大会变成有序的，沉稳的，精致的，刚毅的，灿烂的，从容的，自信的，知道自己的方向，懂得自己的力量，敞开胸襟拥抱未知，如日月在天，人皆见之，人皆仰之。

但是，还有一种伟大，就是在伟大还没有变得伟大之前，就已经知道它很伟大，比如，惠特曼。

惠特曼告诉我们："对于要成为最伟大诗人的人，直接的考验就在今天。"

想象你是一个平民，不小心闯入了一片鏖战正酣的战场。远处炮声隆隆，身边却是死一般的沉寂。硝烟和浓雾混杂在一

如何理解一种全新疾病

起，让你看不清方向。前方的密林深处，影影绰绰，似乎隐藏着什么。你心中慌乱，手心出汗，不知该何去何从。

这时候，一个温和而坚定的声音在你的身边说：来，这边走。

听到这一句话，你心里会是什么感受？

王立铭教授的新书《巡山报告》就是要带领像你我一样的外行，深入到生命科学研究的一线，到能听得见炮火的地方，亲身感受真实的科学前沿。生命科学，将在 21 世纪爆发一场革命，而我们有幸在王立铭教授的指引下，在伟大变成公认的伟大之前，就理解它的伟大之处。

王立铭教授既是生命科学领域的一名新锐青年学者，又像是一个随军记者，为我们现场做实况报道。王立铭会教我们分辨谎言和真相。他伏在我们的耳边，轻声告诉我们，哪里是我方的阵地，哪里是敌方的阵地，谁是友军，谁是叛军。王立铭会带我们到山头，给我们指点整个战场的布局，为我们分析双方的攻守之势，详细解释各种可选的战术，帮我们做沙盘推演。王立铭会教我们如何自我保护：为什么要戴钢盔，怎么避开雷区，怎么寻找掩体。你会学到生命现象算法的真谛。你会观察到科学的洋流。你会体验到学术的江湖。

这本书是一个系列。王立铭承诺，要一直写 30 年。

我总算有了一个伴。2018 年，我给自己定了一个长期的研究计划，打算每一年写一本书，记录中国从 2019 年到 2049 年这 30 年的变化。我原本以为这是一段漫长而寂寞的朝圣之旅，没想到很快就有了同行者。

在未来的 30 年，可以预见，中国的科学研究将厚积薄发，王立铭这一代年轻学者将见证一个群星璀璨的时代，他们会站在全世界的科学研究前沿。伟大在被公认为伟大之前，自己都不知道自己有多伟大。当海明威和菲茨杰拉德在巴黎街头晃荡的时候，他们肯定不会去想，自己已经是世界上最伟大的作家了。当时，人们都觉得欧洲才有文化，美国不过是个暴发户。然而，事后去看，我们知道，那时，海明威和菲茨杰拉德已经写出了自己最优秀的作品，他们当然是世界上最伟大的作家。

我们不必着急。路要一步步走。风景要一起去看。

何　帆

《变量》作者

上海交通大学安泰经济与管理学院经济学教授

　　　　　　　　　　　　如何理解一种全新疾病

推荐序 三

在过去一两年里，我和王立铭教授有过几次接触，注意到他不仅是一位优秀的神经生物学家，还是位已经有了些名气的科普作家。前不久，他送我一本他著的《巡山报告·基因编辑婴儿：小丑与历史》。刚要翻看，他又拿出第二本今年将要出版的《巡山报告：如何理解一种全新疾病》递到我手上，并且请我为他的新书写序。说实话，我现在的视力比以前差了许多，便不大喜欢读小小字体的书本，但立铭的这第二本《巡山报告》是针对 2020 年改变了世界上每一个人生活的全新疾病的科普作品，如此及时的到来，使我本能就有极大的兴趣甚至是一种冲动要去读，这 2020 年如何被这全新的疾病打上了标签的啊！

当然，邀请我写序，无疑能促使我更认真地去思考一些问题。以前我也曾给老同学或老朋友的作品写过序，体会到这是一件比较费力的却也是很有趣味的工作。不但要读书，还要查询必要的资料，最重要的是必须细细思考其作品的特点，给出该书的介绍和评论，起到推荐和扩大影响的作用，实际上这也是给写序人一个深度学习的机会。再说这位戴着一副黑边眼镜长着圆圆娃娃脸的年轻人在 2018 年底已经立下宏志，要从 2019 年开始迈开他的《巡山报告》的写作长征之旅，每年出版一本，坚持 30 年！这绝对是一个罕见的壮志，我衷心地、强烈地支持这位年轻科学家的壮举。

我国几十年来的经济发展创造了奇迹，但国民素质特别是科学素质的提升未能和经济发展同步。在现阶段不可预见性陡然增加的复杂形势下，独立自主的高科技创新是我国可持续性发展、在未来十五年基本实现社会主义现代化远景目标的关键和核心。人民大众也比以往任何时候更需要生命科学和医学的知识，不仅对自己和家庭，作为社会一员，这也是执行应负的社会责任的需要。

80后的立铭教授如此年轻，知识面却如此广博，对于世界生命科学研究的进展非常敏感，并能以高度的鉴赏力进行挑选、分析、评价，难能可贵的是他能迅速地把过去一年中出现的重大科学发现或科学事件放在科学层面再加工，放在人文层面再审视，而用人们容易接受的生动语言和娓娓道来的讲故事的形式呈现给广大公众。如立铭教授说的，"科学世界纷繁复杂，大部分最新的理论和实验进展与普通人的日常生活没有太大关系。重要的是传播科学的逻辑，就是当我们面对一个未知的新事物时，知道用什么样的方式来思考，以什么样的态度来面对"。这才是他立志每年出一本《巡山报告》的初衷，也是《巡山报告》的真谛——提高国人用科学的态度、科学的眼光、科学的原则、科学的逻辑、科学的方法分析各种问题的能力。授人以渔而非授人以鱼，这是从根本上提升国民科学素质的一条有效途径。我们都知道，做一件大事也许不太难，很多人能做到，可是一直坚持做几十年的人大概就寥寥无几了，而立铭要坚持连续做《巡山报告》30年!

立铭的这第二本《巡山报告》与我们讨论如何理解一种全新疾病，即2020年突发的一种新型冠状病毒引起的传染病。为此他从新冠病毒的发现、由来，谈到其引起的传染病的危险性，有无治疗药物，疫苗防疫的预期，再讨论到人类与病毒的关系，包括人类与病毒斗争的历史经验教训，能否消灭新冠病毒甚至消灭病毒传染病等。2020 年的经历使得我们每个人都特别想要知道这些事情。立铭善于用讲故事的方式介绍科学知识，我尤其喜欢他讲故事的逻辑性，我刚想到"为什么呀"，他的下一个问题就及时地来回答了，就这样一个又一个接踵而来的问题把整个故事阐释得一清二楚。由于讲的是科学故事，内容不失严谨，重要的史实都引有明确出处，分析和解释都是从多个角度、多个层次展开，所以故事结局令人信服。对于一些有争议的科学问题，立铭作为科学家，不是绕道回避，而是以尊重科学的态度，以探求真理为目的，实事求是为准则，坦诚地发表自己的见解，同时也介绍各方不同的观点。特别是讨论到人类与病毒的关系这个与其说是科学不如说是哲学的问题、世界观的问题，又为读者打开了多面窗户，给予他们自己发挥的空间。他的语言富有时代气息，读他的书让我体会到年轻人的情感，感受到年轻人的幽默，学习到年轻人喜闻乐见的用语，所以阅读的心情十分愉悦。

立铭有个观点，"我觉得，现在中国的科学界可以多元化一些。除了鼓励科学家们专注基础研究本身，我们也应该支持热心专注研究的科学家、专注产业化的科学家、醉心教育的科学家、热爱科学传播的科学家等"，我除了认同还要加上支持。今天科学传播已经发展成为一门新兴的交叉学科，我们国家现在尤其需要专业的科学传播专家，也需要更多像立铭这样的热爱科学传播的科学家，两路大军齐心合力，有助于中国公众较快地成为世界上具有高科学素质的人群。

当今世界，科学，尤其是生命科学，深刻地影响甚至干预着社会进步和人类生命、健康，乃至整个地球上的人的全部生活。2020 年人类应对由新冠病毒引起的一种全新的疾病就是最好的例子。人类生活的地球，存在无数的生命形式，人和它们中的极大多数必须友好地共处共存。2020 年，就那个极小的、最简单的，甚至还称不上真正生命的新冠病毒对人类发动了一场你死我活的战争，战争现在还在继续，没有结束。从这场战争中，人类对自己与环境和其他生命的关系获得了新的认识，定出了新的应对策略，这就是科学，尤其是生命科学在人类文明发展历史中的不可替代的地位和作用。

因此我断言，每个人都会喜欢读这本书，觉得这本书值得一读，并且心切地期待着读他接下来要出版的每一本《巡山报告》。

王志珍

中国科学院院士，

中国科学院生物物理研究所研究员

自序

这本《巡山报告》，是一套年度报告系列丛书的第二本。

每一年，我都会为你追踪那些可能会影响整个人类世界的生命科学重大事件，按月发布报告，按年整理成书。这件事，我承诺会坚持到底。

为什么要做这件事呢？

为了历史，也为了未来。

对于古老而年轻的生命科学来说，我们身处一个波澜壮阔的伟大时代。

说它古老，是因为探究生命乃是地球村各个文明天生的冲动。2000多年前的古希腊先哲亚里士多德，就已经在尝试解析生命的本质，为纷繁复杂的地球生命形态绘制图谱。

说它年轻，是因为一直到1953年DNA双螺旋结构大白于天下，人类才真正开始从物理世界的最底层理解生命本质。在人类科学的疆界内，生物学可能是最稚嫩的一门学科。至今，我们对生命现象的理解，空白要远远多过已知。

到了今天，这门学科孕育的年轻的冲击力，将要在我们面前，彻底重塑人类世界习以为常的生活方式、社会结构，乃至道德观念。

　　　　　　　　　如何理解一种全新疾病

这个大时代当中所有光明和黑暗的角落，都可能对我们每个人，对我们所有人产生影响。

光明是毋庸置疑的。

2003 年，人类基因组计划完成，编码人类生命的 30 亿DNA 碱基序列从此大白于天下。这些信息已经开始被用来仔细分析一个个人类个体的疾病风险、健康状况甚至是性格特点。

2010 年，第一个"人造生命"诞生，它细胞深处的 DNA分子完全由人工合成而来。在人造生命的基础上，修改乃至设计生命已经不再是一个纯粹科幻的话题。

2013 年，美国"脑计划"启动，带动世界各国纷纷跟进，人类开始向双耳之间的神秘小宇宙进军。我们仍然对人类智慧的秘密所知甚少，但是我们也开始慢慢理解为什么人类会拥有语言、拥有同理心、拥有独一无二的智慧。

2018 年，诺贝尔生理学或医学奖授予癌症免疫疗法，正式标志着人类拥有了一种对抗"众病之王"的革命性武器。

不少科学家乐观地估计，到 21 世纪末，人类的平均寿命将达到 100 岁。我们有理由乐观，在我们这代人的有生之年，生命科学的进步将彻底重塑我们的身体状况、生活方式，乃至社会结构。

但是伴随着光明，生命科学也陷入了前所未有的怀疑和危机当中。

2015 年，《华尔街日报》的一篇报道揭穿了百亿美金独角兽公司 Theranos 的真相，医学检测领域的一个当代传奇轰然倒地。

2018 年，哈佛大学宣布撤回 31 篇围绕心脏干细胞的研究论文，宣告这个红火了十几年的前沿研究领域是个彻头彻尾的骗局。

就在我决定开启"巡山报告"的 2018 年底，震惊世界的"基因编辑婴儿"事件，又在考问我们，狂飙突进的生命科学研究究竟有无伦理和监管的边界。因为贺建奎这位疯子科学家的疯狂举动，整个人类世界都被带到了历史和未来的临界点。

而在这一切的背后，还隐藏着更深刻的疑问：关于每个人类个体、关于人类这个物种、关于人类的未来，操起生物学这把利器，我们究竟能做什么，我们又不能做什么？

而更要命的是，因为专业的天然门槛，因为传播中的扭曲，因为人性与理性的天然对抗，面对着可能交织着光明和黑暗的未来，可能大多数人的反应会相当迟钝，甚至是肤浅的。

我想，我们特别需要的，是一点专业判断，再加上一点历史感和文献视角。我们需要习惯把当下许许多多正在发生的科学事件，放到更大的时空尺度里去冷静分析，看清楚它可能对我们每个人，对我们所有人，意味着什么。

这就是《巡山报告》的由来。

这是一次试图用文字记录、评论，甚至战胜时间的实验。

我想为历史写作，我希望能够做到，用留待后人审视的态度，来记录当下发生的热热闹闹的历史。

我也想为未来写作，我希望能够做到，用推演未来的思维方式，来看待今天开始的仍然微弱的未来。

在遥远的未来，也许我们的子孙后代们正在享受生命科学点亮的阿拉丁神灯，会嘲笑我们过度的谨小慎微和心惊胆战。但是也有同样的可能性，我们亲手打开的潘多拉魔盒，将会把他们的命运带向晦暗不清的未来。

而未来在哪里？

未来在我们这一代人的手中，在我们这一代人的眼里。

欢迎你来到我们第二年的巡山之旅。

在此后的 29 年，我们不见不散。

目 录

引子：如何理解一种全新疾病？

将要过去的 2020 年，将注定长久地被人们铭记、议论和感怀。

这些铭记、议论和感怀里，新型冠状病毒（SARS-CoV-2）当然会是绝对主角。2020 年的集体回忆中，会有千万人口的超级大都市武汉一夜之间封城，又在几个月后彻底回归正常秩序的史诗般壮举；会有十几亿人在家中闭门度过的永生难忘的春节假期；会有每日刷新、震撼心灵的死亡数字；会有剪掉长发出征武汉的医护姑娘；会有美国股市史无前例的一周几次"熔断"；会有多个国家创历史纪录的 GDP 跌幅；当然，也会有全国解封后中国人民发自内心的狂喜和放松，也会有那些国际舞台上似乎永无休止的恐惧和怀疑、争吵和推诿。

仿佛就在昨天，人类文明刚刚经历了高歌猛进的一百年。在倏忽百年间，我们把足迹踏上月球的土壤，远眺蓝色地球跃出月平线；我们制造的航天器飞越 200 亿千米，正式离开太阳母亲的怀抱；我们测定了人类基因组超过 30 亿个碱基对的精细序列，甚至开始动用基因编辑技术这把上帝的手术刀，亲自雕刻生命蓝图；我们开始探测微渺原子核深处的秘密，想要从中汲取永不枯竭的能量来源；至少在某些方面，我们设计的计算

如何理解一种全新疾病

机程序终于超越了我们自己的大脑，它正在呼唤我们赋予它更重要的使命，从阅读图像、驾驶汽车到治疗疾病。尽管两次世界大战带走了千万条生命，但人类却也因此开始反思人性和现代世界的秩序，国际治理第一次拥有了联合国、国际货币基金组织、世界卫生组织等高效运转的平台。

也同样是在这一百年间，1918年大流感伴随着第一次世界大战的运兵船席卷全球，带走了五千万条鲜活的生命，直接推动了第一次世界大战的结束，对人类世界的影响，包括欧洲政治版图的改写、公共卫生事业的崛起、医疗保险的兴盛，余韵绵延至今。而2019年出现、2020年暴发的这场新冠疫情，又在提醒整个人类世界，百年间人类文明固然高歌猛进，但其基础可能建立在松软的沙滩之上。一枚需要动用最先进的电子显微镜才能一窥真容的微小病毒，就能在瞬息之间，让世界各地的元首们惊慌失措，让千万家企业破产，动摇几十亿人习以为常的生活方式。面向下一个百年，这个藏身于我们身边的隐秘病毒世界，可能是我们不得不重新严肃看待的生存命题。

而在我们30年的巡山计划中，2020年也因此拥有了它独一无二的主题：

人类如何理解和应对一种全新的疾病？

新冠病毒这个百年未见的危险，固然在政治、经济、文化等方面向我们提出了严峻的挑战，但在科学上，它却可能是一个见证人类科学进步、旁观全世界科学家如何围剿一种全新疾病的天赐良机。因此，这本"巡山计划"的年度报告，我将会花相当的篇幅，来和你一起看看，面对"新冠"，我们做对了什么，做错了什么，还有什么必须要做。

具体来说，在 20 世纪 50 年代开始的现代生物学革命之后，这是人类第一次面对一种前所未见、突如其来、快速扩张、有巨大危险的病毒传染病。相对于 1918 年大流感，人类实际上已经拥有了大量科学工具，能够帮助我们在很短的时间内发现、理解，甚至是对抗这种疾病。可能你正在抱怨和失望，质问为什么新冠疫情流行一年之后，我们仍然还没有确定它的起源，开发出针对它的特效药，传说中的疫苗为什么还未降临。但是，在我们接下来的讨论中，我相信你也会和我一样发现，面对"新冠"这样的全新病毒传染病，尽管有遗憾，但全人类，特别是咱们中国，其实已经做得相当优秀。

而着眼于未来，我们还有更多事情要做。

第一章　定性：人类如何发现新冠病毒？

在故事开始之前，我们先明确区分两个基本的概念：新冠病毒和新冠肺炎。

新冠病毒指的是一个病毒物种。事实上这个病毒的名称是有不少问题的。在中文里，新冠病毒全名是"新型冠状病毒"，其实它不是一个正式的学术名称。这个道理也很简单，任何一个刚被发现的全新冠状病毒都可以被叫作"一种新型冠状病毒"，所以这个名字区分度不强，也容易引起误解。而根据国际病毒分类委员会（International Committee on Taxonomy of Viruses）的分类，这种病毒的官方英文名叫作SARS-CoV-2。很显然，这个名字的来历是因为这种病毒在生物学上比较接近2002年出现、2003年流行的SARS冠状病毒（SARS-CoV）。但严格说起来，这个名字可能也不太合适。因为这两种病毒在生物学上相似度并不高（基因序列只有80%相似），而且引起的疾病也差异很大。

新冠肺炎，指的是一种人类疾病，也就是由新冠病毒入侵和感染人体细胞导致的疾病。这种疾病主要的表现是体温升高、咳嗽、气短和呼吸困难，在肺部CT片子里肺部可能会出现形状模糊的阴影（所谓"磨玻璃样影"），其实和一般的肺炎症状也没有什么本质的区别。但这里也要注意，"新冠肺炎"这个名

如何理解一种全新疾病

字本身也是有点问题的，因为新冠病毒并不止入侵人的肺部，新冠肺炎患者有时也会出现其他器官的严重病变（如肾脏、睾丸、皮肤、神经系统等）[1]。所以，新冠肺炎的英文名称其实更加广泛和准确：COVID-19（coronavirus disease-2019），也就是 2019 年出现的一种冠状病毒病。

为什么要长篇大论地介绍这两个概念呢？

你可能已经发现了，这两个概念虽然名字接近，而且互为因果，但是存在一个特别重大的差异：是否能被轻易识别出来。

新冠肺炎的症状相对来说是比较容易被识别的，可能全世界任何一个稍有经验的医生都能快速判断——无非是测量体温、询问病史，严重了听一下呼吸音，安排一个 CT 检查就行了。

真正困难的是识别症状背后的原因——在这种疾病出现之初，在人类对它的本质两眼一抹黑的时候，医生怎么知道这个肺炎患者是由于新冠病毒感染导致的？

甚至可以再后退一步：医生怎么知道这个肺炎患者患的是一种微生物导致的传染病，而不是因为食物中毒，或因为体质太差，甚至是被巫婆下了蛊？

请注意，这可不是一个傻问题。在科学史上，发现一种疾病本身不算难事，但要理解这种疾病的病因却可能百转千回，这样的故事可不止一个。

比如说，因为缺乏维生素 B_1 导致的印尼脚气病大流行（注

---

1 https://www.cdc.gov/coronavirus/2019-ncov/hcp/clinical-guidance-management-patients.html

意，这个脚气病不是真菌感染引起的"香港脚"，而是一种严重的慢性疾病。患者四肢肿胀，全身麻木，甚至可能死亡），因为有机汞中毒导致的日本水俣病，因为缺乏硒元素导致的中国克山病，都曾经被误认为是一种传染性疾病。这倒也不奇怪，这些疾病和生活环境相关，短时间内一个地方的人可能集中发病，而且经常一家一户一村一社都陆续倒下，谁都会往看不见摸不着的微生物感染上联想。在真实历史上，荷兰军医克里斯蒂安·艾克曼（Christiaan Eijkman）在研究脚气病的时候一开始也认为这是一种细菌传染病，甚至尝试过把患者的血液注射给鸡，来试图模拟疾病。后来，他在无意间发现吃精米的鸡会得病，吃糙米的鸡反而没事，才意识到这种疾病很可能和饮食相关，进而发现糙米中富含的维生素 B_1 对健康的重要性，脚气病就是因为缺乏维生素 B_1 所引起的。

反过来，当然也有传染病被人们误以为是其他类型疾病的案例。由鼠疫杆菌引起的黑死病，曾经被古人广泛地看成是上帝对人间罪人的惩罚。同样的，直到最近，人们才意识到鼻咽癌和宫颈癌的发病，在很大程度上其实是病毒感染导致的（分别是 EB 病毒和人类乳头瘤病毒）。

在新冠肺炎的故事当中，人类对疾病本身的认知是很及时的。

在 2019 年 12 月，武汉早期发病就诊的患者中，有相当比例都和华南海鲜市场有过生活交集，或者在该市场里工作，或者去该过市场采购；也有相当比例是一个小家庭里几位成员先后发病[2]。这两个特征被武汉当地的一部分医生们很敏锐地抓住，做出了"这应该是一种传染病"的猜测。并且在 2019 年 12 月中下旬，已经开始按照诊治传染病的要求开展工作。

当然，我们刚刚也讨论了，根据这些表现就推测新冠肺炎是一种传染病，其实证据还是不足的。实际上这样的推测也导致了一个认知层面的问题：既然早期患者很多和华南海鲜市场有关，那么人们潜意识里就更倾向于相信这种疾病的传染源一定就在华南海鲜市场，甚至更进一步，如果一个肺炎患者没有去过华南海鲜市场，他患上的就应该不是新冠肺炎。这种思维定式后来对疫情防控还是造成了不小的困扰，这一点我们后面再说。

而真的想要明确新冠肺炎的传染病性质，人们需要更实在的证据——找到这种疾病的病原体，也就是新冠病毒，并证明疾病和病原体之间的因果关系。

从直觉上说好像这是个挺容易的事。既然怀疑是传染病，特别是呼吸道传染病，医生们从患者的呼吸道采一点样，放在显微镜下面仔细观察，看看有没有新的微生物存在，不就行了吗？

真没有那么简单。确认任何一种全新传染病的病原微生物，都不是一件特别容易的事情。因为在大多数时候，一个人身体里总是寄生着上千种不同的微生物。就算在患者体内发现了一

---

2 Chaolin Huang, et al. "Clinical features of patients infected with 2019 novel coronavirus in Wuhan, China," *The Lancet,* 2020.

种新的微生物，也不一定就说明这种微生物在健康人体内没有，更不能说明这种微生物就会导致疾病。

可能很多人还记忆犹新的一个反例就是，2003 年 SARS（严重急性呼吸综合征）流行时，曾经有科学家错误地将患者体内的某种衣原体（一种类似细菌的微生物）判断成了疾病的病原体，险些造成了疫情管理的大问题。刚才我们也提到 EB 病毒和鼻咽癌之间的关系，人们同样也发现，大量健康人体内也同样携带 EB 病毒，但却并不会患上鼻咽癌。

早在 2019 年 12 月，武汉的医生们已经通过各种临床特征，猜测新冠肺炎可能是某种病毒导致的，而这些患者体内又没有检测到包括流感病毒在内的各种已知病毒。也就是说，新冠肺炎的背后，可能藏着一种全新的病毒[3]。

但如何找到这种全新的病毒呢？

在这个时代，基因测序是最容易想到的技术。通过检测患者身体样本里各种 DNA/RNA 分子的序列信息，生物学家们能够快速发现其中隐藏的全新序列，并从中推测出全新生命体的存在。医生们也正是这么做的，到 2019 年 12 月下旬，医生们已经将患者的样本送往包括大学、公司、研究所在内的不少机构进行基因测序。根据公开资料，到了 2019 年 12 月 27 日，新冠病毒的基因足迹已经被发现，一种前所未见的微生物正在逐

---

3 http://www.ccdi.gov.cn/lswh/renwu/202002/t20200207_210984.html

如何理解一种全新疾病

渐显露真容[4]。2020 年 1 月 11 日，复旦大学教授张永振和合作者们已经将新冠病毒的第一条完整基因组序列在网上提交，供全世界同行分析和使用[5]。

但是即便如此，这种全新微生物也需要接受下面的考问：你找到了一种新的传染病，你也在疾病患者体内找到了一种新的病毒，但你怎么知道，就是这种新病毒导致了这种新的传染病呢？这两者的因果关系如何建立呢？

如何判断一种传染病的病原体，其实有一个非常古老但行之有效的办法——科赫法则。

这是德国细菌学家罗伯特·科赫（Robert Koch）在 1884 年提出的标准，用来判断某种微生物和某个传染病之间的因果关系。具体来说，是这样几条标准：

1. 每一位病患体内都能找到大量的这种微生物，而健康人体内没有；

2. 这种微生物可以从患者体内被分离出来，然后在体外培养；

3. 体外培养的微生物可以让健康人患病；

4. 新患病的人体内仍然可以找到同样的微生物。

---

4 http://www.nhc.gov.cn/xcs/fkdt/202003/9502b2d78ea94ea9a43e855ca9e0a5e2.shtml

5 Fan Wu, et al. "A new coronavirus associated with human respiratory disease in China", *Nature*, 2020.

科赫自己用这套标准陆续找到了包括炭疽病和结核病在内的多种传染病的病原体，奠定了自己"微生物学之父"的历史地位。在此后的一百多年里，科赫法则当然也在持续地被修正，但是总体而言，仍然是整个科学界明确传染病病原体的重要参考标准。

具体到新冠病毒的发现，科学家们也大体遵循了科赫法则的要求。

中国科学家利用基因测序的方法，确认新冠肺炎患者体内存在全新的新冠病毒，这基本满足了科赫法则第一点的要求。后来，中国科学家们也利用电子显微镜技术，从患者样本中直接看到了新冠病毒颗粒的存在。现在我们知道，这是一种长得像一枚海胆（或者说中世纪的王冠）的病毒颗粒，整体是一个直径70~80纳米的完美球形，在球体的外面，长满了一根根长长的尖刺[6]。作为第7种被发现的人类冠状病毒，它的长相也和之前那6位成员高度类似，只是大小略有差异。

很快，科学家们也成功从患者样本中分离出了这种病毒颗粒，并且证明了它们在培养皿里仍然能够感染人的上皮细胞。这基本满足了科赫法则第二条的要求[7]。

科赫法则第三条和第四条的证明更加困难，毕竟我们不能

---

6 Peng Zhou, et al. "A pneumonia outbreak associated with a new coronavirus of probable bat origin," *Nature*, 2020.

7 Na Zhu, et al. "A novel coronavirus from patients with pneumonia in China, 2019," *The New England Journal of Medicine*, 2020.

如何理解一种全新疾病

主动拿着病毒去威胁健康人。但是科学家们很快发现了一个现象：新冠病毒和SARS病毒入侵人体细胞走的是一个共同的路径。这两种病毒都可以用外壳上那些长长的尖刺——学名叫作刺突蛋白分子（Spike）——去识别和结合人体细胞表面一个叫作ACE2的蛋白质，借此打开这些细胞的大门，进入这些细胞内部。

这个幸运（或者说不幸）的巧合，给了科学家们一个抄近路的机会来验证科赫法则。他们很快证明了，只要在老鼠细胞里转入一个人类的ACE2蛋白，病毒就可以顺利入侵这些老鼠细胞，并且在其中持续繁殖。这个发现至少是部分支持了科赫法则第三条和第四条的成立[8]。

请注意，上面所述的所有研究发现，都完成于2020年1月底之前。换句话说，从发现新冠肺炎，到确认新冠肺炎的致病原因——新冠病毒，中国科学家们只花了一个月的时间！当然在那之后，科学家们还持续在收集更多的科学证据证明新冠病毒和新冠肺炎之间的因果关系，比如说到了2020年5月，中国科学家还发现新冠病毒可以直接感染携带了人类ACE2基因的转基因小鼠[9]。世界各地的科学家们还陆续发现新冠病毒能够感染灵长类动物（如恒河猴、食蟹猴等），给开发药物和疫苗找到

8　Peng Zhou, et al. "A pneumonia outbreak associated with a new coronavirus of probable bat origin," *Nature*, 2020.

9　Linlin Bao, et al. "Pathogenicity of SARS-CoV-2 in hACE2 transgenic mice," *Nature*, 2020.

了一个很接近人的动物模型[10,11,12]。但是关于新冠病毒和新冠肺炎的联系，最核心的那些证据，在 1 个月时间内已经完成。

这个速度是个什么概念呢？

在科学蒙昧的时代，人类动辄需要数百数千年才能明确一种疾病是否是传染病，鉴定病原体这项任务更是直到科赫的时代才渐成气候。即便是到了最近一百年，确认病原体也往往需要耗时数月数年。1918 年大流感背后的病原体——流感病毒，到 20 世纪 30 年代才被人们发现；艾滋病在 1981 年被报道，而它背后的病原体——人类免疫缺陷病毒，则到 1983 年才被发现；SARS 出现于 2002 年 11 月，而人们正式确认 SARS 病毒则到了 2003 年 4 月。

相比之下，新冠病毒的发现简直快得不可思议。

当然，运气也起了作用。SARS 疫情让中国的医生和科学家们积累了不少救命的知识、技能和思维方式。如果不是 SARS 的经验和教训，医生们很可能不会敏感地意识到这是一种全新的呼吸道传染病；如果不是围绕 SARS 的基础研究积累，科学家们也不会掌握 ACE2 的知识，无法快速检测新冠病毒是否符合科赫法则。后面我们还会说到，如果不是 SARS 之后对蝙蝠

10　Wei Deng, et al. "Primary exposure to SARS-CoV-2 protects against reinfection in rhesus macaques," *Science*, 2020.

11　Vincent J. Munster, et al. "Respiratory disease in rhesus macaques inoculated with SARS-CoV-2," *Nature*, 2020.

12　Barry Rockx, et al. "Comparative pathogenesis of COVID-19, MERS, and SARS in a nonhuman primate model," *Science*, 2020.

冠状病毒的广泛搜集和分析，我们也不会很快了解新冠病毒的可能起源。

但是除了运气，这个发现过程仍然有不少重要的收获和启发。

从技术上说，基因测序技术，特别是价格低、高通量的第二代基因测序技术在国内的快速普及和下沉，为我们能够快速完成患者样本的基因测序，从中挖掘出新冠病毒的基因组序列，做了基础设施的准备。请注意，基础设施不光指先进和昂贵的基因测序仪（主要由美国 Illumina 公司生产，国内公司也已经进入这个市场），也指能够完成样本准备和测序操作的基层技术人员，更包括能够快速完成序列分析，从大量不同来源的基因序列中挖掘出全新物种信息的数据分析专家。这些基础设施的储备，当然是中国过去二三十年来生物医学研究和人才培养的巨大成就。

从组织形态上说，新冠病毒的快速发现，其实也依赖于基层医疗机构和科研机构之间的配合。术业有专攻，很难要求医生们在专注临床工作的同时对基础生物学的研究有足够的敏感，也很难要求科学家们能够实时关注正在临床一线发生的新情况。因此，这两个群体之间能否有常规和顺畅的互动，决定了一个新的临床需求能以多快的速度被关注、研究和解决。

从这次新冠疫情的反应速度来看，中国的医生们和科学家们做得很不错。

在上述这些工作的基础上，到了 2020 年底，我们对新冠病毒这个全新的病毒物种，已经有了非常清晰的认识。

我想，这些认识大致可以分成下面几个角度：

首先是新冠病毒自身的生物学特征。其中特别值得提出的是，利用结构生物学的手段，科学家们帮助我们看清了新冠病毒的详细面貌。

对于新冠病毒来说，其生物学活动的要害，首先就是表面那一根根长长的尖刺。它们正是"冠状病毒"这个名称的来源，也是冠状病毒家族识别和入侵宿主细胞的关键。我们现在知道，这一根根尖刺，其实是新冠病毒刺突蛋白质分子形成的，3枚三维结构完全一样的刺突蛋白质彼此镶嵌在一起，形成了一个类似大头针的结构，针帽朝外，针头插入病毒颗粒内部[13,14]。朝外的大头针帽，就是新冠病毒识别宿主的核心部位。不仅如此，科学家们还看清了这枚大头针和人体细胞表面的 ACE2 蛋白质相互结合的具体形态[15]。根据两者结合的界面，我们还能大概推测出新冠病毒进入人体细胞的过程：刺突蛋白和 ACE2 蛋白"握手"之后，新冠病毒被进一步拉近，贴近到人体细胞的表面。紧接着，新冠病毒最外层的膜和人体细胞膜融为一体，就像两个肥皂泡合二为一，新冠病毒颗粒内部的遗传物质就能进入细

---

13 Daniel Wrapp, et al. "Cryo-EM structure of the 2019-nCoV spike in the prefusion conformation," *Science*, 2020.

14 Alexandra C. Walls, et al. "Structure, Function, and Antigenicity of the SARS-CoV-2 Spike Glycoprotein," *Cell*, 2020.

15 Renhong Yan, et al. "Structural basis for the recognition of SARS-CoV-2 by full-length human ACE2," *Science*, 2020.

如何理解一种全新疾病

胞深处。

作为一种 RNA 病毒，新冠病毒的遗传物质是一条大约 3 万碱基长度、携带 11 个基因的 RNA 长链。和其他 RNA 病毒类似，这条 RNA 分子进入细胞之后，能够劫持人体细胞自带的蛋白质生产机器，偷偷为自己生产出自身繁殖复制所需的各种蛋白质（比如大量新的刺突蛋白），快速装配新的蛋白颗粒。这其中，一个名叫 RdRp（RNA-dependent RNA polymerase）的蛋白质特别值得关注，它是新冠病毒繁殖的关键。在这种蛋白质的帮助下，新冠病毒的遗传物质得以在人体细胞内快速复制。就在 2020 年，RdRp 蛋白质的三维结构也被科学家们完整揭示出来了 [16]。

请注意，上述这些研究发现绝不仅仅是单纯的基础科学发现。既然刺突蛋白和 ACE2 的结合对于新冠病毒入侵人体细胞至关重要，而 RdRp 蛋白关系到新冠病毒的繁殖，那么如果我们能够设计新的药物去专门阻断这两个过程的发生，自然也就有可能对抗新冠病毒。能直接"看到"这两个过程的精细结构信息，对于药物开发将会大有帮助。

除此之外，科学家们当然也关心新冠病毒进入人体细胞之后，具体是如何导致疾病的。我们越来越能够明确，和很多已知的病毒性传染病类似，新冠肺炎的发生，并不是新冠病毒直接导致的。它主要是人体免疫系统被动员起来，拼命攻击新冠

---

16 Yan Gao, et al. "Structure of the RNA-dependent RNA polymerase from COVID-19 virus," *Science,* 2020.

病毒这种入侵者导致的"过激"反应[17]。

这是个听起来有点反直觉的解释。作为历经亿万年进化锤炼而来的人体第一道防线，人体免疫系统在大多数时候能够及时发现进入人体的入侵者，能够快速生产和释放与之针锋相对的抗体分子加以俘虏和消灭，也能够识别出那些已经被新冠病毒入侵和占领的人体细胞，干脆把这些细胞一并杀死以根除后患。只是当面对新冠病毒这个前所未见的敌人的时候，人体免疫系统事先毫无准备，给了它一段时间生根发芽。等到局面无法收拾的时候，免疫系统才如梦初醒一般高强度动员，这个时候就很容易出现过激反应，短时间内杀伤了太多的人体细胞（如肺部大量被新冠病毒感染的细胞因此被攻击和杀死），自然就会导致人体各个器官出现严重问题。

换句话说，面对新冠病毒，人体免疫系统一开始是疏于防范、养虎为患，到后来又是惊慌失措、自相残杀。

你肯定能想象，这些研究发现也能用来指导我们对抗新冠病毒。比如说一个自然的思路是，既然新冠肺炎患者体内很可能出现了过激的免疫反应，那么如果用药物压制人体的免疫反应，是不是在救治危重患者的时候能起到作用？实际上在疫情初期，也确实有医生根据这些研究发现，尝试过类似的治疗思路。虽说后来发现效果可能存在一些争议，但至少是一

---

17 Meredith Wadman, et al. "How does coronavirus kill? Clinicians trace a ferocious rampage through the body, from brain to toes," *Science*, 2020.

个值得探索的方向[18]。

另外，既然人体免疫系统本身就会针对新冠病毒产生反应，那么如果能够人为模拟这种反应，就能帮助我们在病毒感染的早期及时杀死病毒，阻止新冠病毒感染，预防或者缓解新冠肺炎。

这中间特别值得一提的是单克隆抗体的研究。其中一个很有趣的思路是这样的：科学家们试图学习人体免疫系统的经验，他们从新冠肺炎患者的血液中分离出免疫细胞，再用新冠病毒的刺突蛋白作为"钓钩"，从中钓出那些专门生产新冠病毒抗体、能够结合新冠病毒刺突蛋白的细胞。既然这些细胞能够生产针对新冠病毒的抗体，那这些细胞内部当然就会有对应的基因片段，找到这些基因片段，就能够在实验室和工厂里大批量生产新冠病毒抗体了。

在新冠疫情的压力下，全世界科学家动用了各种最先进的分子生物学技术，在短短几个月的时间里就找到了一批新冠病毒的单克隆抗体，其中不少已经推进到人体临床试验阶段（其中也包括中国科学家的几个作品[19]），这个速度也确实是创纪录的。

说到这里，你应该可以理解，为什么我会说面对全新的新冠病毒和新冠肺炎，全世界科学家的工作已经非常优秀了。在

---

18 John H. Stone, et al. "Efficacy of tocilizumab in patients hospitalized with Covid-19," *The New England Journal of Medicine*, 2020.

19 Yunlong Cao, et al. "Potent neutralizing antibodies against SARS-CoV-2 identified by high-throughput single-cell sequencing of convalescent patients' B cells," *Cell*, 2020.

短短一年时间里，我们对它们的生物学特征已经有了相当充分的理解，也已经开始在此基础上开发相应的对抗手段。面对百年未见的公共卫生灾难，人类科学迸发出了巨大的战斗力。

如何理解一种全新疾病

第二章　　**定量：新冠肺炎究竟有多危险？**

上一章我们讨论了新冠病毒和新冠肺炎的性质问题，特别是我们是如何发现新冠病毒，并且真正了解新冠病毒和新冠肺炎之间的因果关系的。对于任何一种全新的传染病，这些信息对于我们开展有针对性的控制、追踪、预防、诊断和治疗工作，都是至关重要的。

接下来我们来看一个需要更多的定量分析，但对于疾病防控和诊疗也同样关键的问题：

新冠肺炎这种全新疾病，到底有多危险？

当然，站在 2020 年底这个时间点去回顾，我们对新冠肺炎的严重性会有更清晰的判断——至少全球各国的新冠肺炎死亡人数是实打实的参考指标。但更重要的问题是，面对一种全新的疾病，科学有没有什么办法，能够尽快帮我们搞清楚它的严重程度，并据此设计出科学合理的防控政策？

请注意，对于一种全新的疾病，我们当然会从日复一日的临床案例中得到提示，但是这种随机和小样本的观察往往会有以偏概全的麻烦。

比如说，你一定从新闻上看到过，有些人仅仅在菜市场里或者电梯里与新冠肺炎患者聊了几秒就被传染，但也有些人和

　　　　　　　　　　如何理解一种全新疾病

患者在一个家庭里生活，朝夕相处也仍然没有被感染。类似的，有些新冠肺炎患者症状非常轻微，最多就是有点咳嗽，休息几天自己就好了；有些压根就没有任何临床症状，甚至自己都不知道自己得病了。但与此同时也有一些病情非常严重的患者，也许刚发病的时候一切还好，半天或一天的时间就会急剧恶化甚至死亡。有的时候，除了肺部出现严重感染，患者的身体多个脏器也会严重受损，甚至出现丧失嗅觉、味觉，脚趾出现紫色肿大（"新冠脚趾"）等听起来和肺炎八竿子打不着的症状。

这样一来，新冠肺炎的严重性就显得面目模糊，它到底有多容易传播？一旦患病有多严重？

我们接下来就好好聊聊这个话题。

我们分别来分析一下新冠肺炎的传播能力和致病能力。

在定量分析传播能力之前，我们先明确一下新冠肺炎的传播途径[1]。

作为一种呼吸道传染病，人们很容易想到飞沫传播和接触传播这两个传统途径。在患者咳嗽、打喷嚏甚至高声说话的时候，病毒颗粒会伴随着飞沫喷射而出。病毒颗粒可能直接沾染到附近的人，进入他们的呼吸道；也可能附着在门把手、电梯按钮这样的载体上，间接被其他人触碰。这些方式都有可能形成新的感染。

---

1 https://www.cdc.gov/coronavirus/2019-ncov/more/scientific-brief-sars-cov-2.html

存在一些争议的是所谓气溶胶传播的方式。这指的是随患者飞沫散播的新冠病毒颗粒也许能够附着在体积更小的颗粒上，在空气中悬浮飘散一段时间（可以长达几小时），路过的健康人可能在自身毫无知觉的时候就已经接触到空气中悬浮的病毒颗粒了。可想而知，这是一种威胁更大、更隐匿的传播方式。但在新冠肺炎的传播过程中，气溶胶传播出现的频率有多高、扮演的角色有多重要，却不那么好确定。目前大家普遍的看法是，气溶胶传播这种方式只会在某些特定的场合出现，特别是病毒浓度很高，而且特别密闭和拥挤的空间，如医院病房、健身房、餐厅、公交车内等[2, 3, 4]。

带着这个信息，我们再来仔细分析新冠肺炎的传播能力。关于传播能力，在流行病学上有一个专有名词，叫作"基本传染数"（basic reproduction number，R_0）。它指的是一个患者在整个病程中（从发病到痊愈/死亡），平均能够传染几个人。显然，任何一种能够流行的传染病，R_0肯定得大于1，否则越传越少自己就消失了。而R_0越大，一种疾病的传播能力当然就越强。比如说，季节性流感的R_0为1.3左右，1918年大流感的R_0为2.1左右，而麻疹的R_0则高达11~18。相应地我们也确实看到，家

2 Sanghyuk Bae, et al. "Epidemiological Characteristics of COVID-19 Outbreak at Fitness Centers in Cheonan, Korea," *Journal of Korean Medical Science*, 2020.

3 Yuguo Li, et al. "Evidence for probable aerosol transmission of SARS-CoV-2 in a poorly ventilated restaurant," *medRxiv*, 2020.

4 Ye Shen, et al. "Community Outbreak Investigation of SARS-CoV-2 Transmission among Bus Riders in Eastern China," *JAMA Internal Medicine*, 2020.

如何理解一种全新疾病

里有人得了流感，其他家属不见得就会中招，但麻疹往往会在一个社区、一个学校集中暴发。

那新冠肺炎的 R_0 是多少呢？

在一个理想世界里，R_0 是一个可以被实时追踪和准确计算的数字，只要我们能够掌握每一个时间点到底有多少新冠肺炎患者就行了。打个比方，如果我们知道，从一个新冠肺炎患者发病开始算，到他把病毒传染给另一个人并发病确诊，平均需要 4 天。然后我们发现第一天一共有 100 个患者，到第四天一共有 400 个患者（100+300），到第八天一共有 1600 个患者[（100+300）+1200]。那我们就可以计算得知，平均一个新冠肺炎患者能传染 3 个人，$R_0=3$。

但你肯定也能想到，这是一个过度理想化的描述，在真实世界里对 R_0 的计算显然做不到如此精确。

首先，患者之间传播的速度就是一个很难精确衡量的数字——因为你需要明确知道谁传染了谁，还得知道他们到底是哪一天发病的。在疫情之初，这两个数据都很难统计得非常精确。

其次，在真实世界里，想要搞清楚精确的发病人数本身也有很大的困难，遗漏和重复无法避免，而因病死亡和已经痊愈的患者还需要加以剔除。

更要命的是，在真实世界场景里，疾病的传播显然不可能如此"均匀"。在不同的气候环境、不同的人群当中、不同的防护措施下，疾病的传播速度肯定会不同，这当然就让 R_0 的计算变得非常复杂。从某种程度上说，科学家们只能基于不同

的假设对 R_0 进行各种各样的估计，永远也无法获得最精确的 R_0。

在疫情出现之初，根据极其有限的疾病案例，科学家们对新冠肺炎的 R_0 给出过各种推测，低到一点几，高到五点几，在公众间还引起了一定程度的困惑和恐慌。这确实有点无奈，因为当时科学家们手里掌握的数据实在是太有限了。举个例子，在疫情初期，有些科学家只能通过武汉撤侨的飞机上出现了多少位患者，反过来估算武汉当地的患者比例和总人数，然后在此基础上分析新冠肺炎患者的变化趋势，这么粗糙的估计当然会影响分析的准确性[5]。

随着案例的积累，目前科学界对新冠肺炎的传播能力的推测逐渐聚焦到 2.5 附近。这个数字非常接近 SARS 的传播能力（R_0 为 2~3），远高于季节型流感[6]。

然后我们再来看看对致病能力的定量分析。

在这方面，我们来主要讨论病死率这个指标，也就是在被新冠病毒感染的人群中会有多大比例死亡。这个数字当然忽略了不少有价值的信息（比如多大比例的患者需要住院，住院时间平均多长，多大比例的患者需要进入 ICU，等等），但它仍然是衡量疾病严重程度的一个非常重要的指标，而且还能帮助我们更好地横向对比新冠肺炎的严重性。

---

5 https://www.imperial.ac.uk/media/imperial-college/medicine/sph/ide/gida-fellowships/Imperial-College-COVID19-repatriation-09-03-2020.pdf

6 https://www.cdc.gov/coronavirus/2019-ncov/hcp/planning-scenarios.html

粗看起来这个数字很容易获得。比如说，截至 2020 年 12 月底，全球报道的新冠肺炎病例接近 9000 万人，死亡接近 200 万人，两个数字相除，得到的病死率略高于 2%。我国的数据，病例 85000 多人，死亡 4634 人，病死率略高于 5%。

这两个数字当然非常高。做一个横向比较的话，季节性流感的病死率一般为 0.1%~0.2%；载入史册的 1918 年大流感，病死率大约为 2.5%。而让人至今闻之色变的 SARS，病死率为 10% 左右。

但是对于新冠肺炎来说，这种简便的计算方法存在很大问题。

原因很简单，作为分母的患病总人数几乎一定是存在巨大偏差的。

因为，新冠肺炎整体上并不算是一种非常严重的疾病，大多数患者症状都比较轻微，还有相当比例的人根本没有出现症状。这些轻症患者和无症状感染者大概率不会去医院看病，更不太会接受新冠病毒的核酸检测，因此就不会被纳入正式的病例统计当中。

也就是说，新冠肺炎病例的统计数字肯定被低估了。如果把这部分被低估的数字加上，新冠肺炎的病死率应该低于 2%。

而真正的问题在于，到底会低多少呢？这个信息会非常深刻地影响我们对新冠病毒的认知，以及对新冠肺炎的防控措施。

2020 年 9 月 1 日，发表在《新英格兰医学杂志》上的一篇论文，为回答这个问题提供了非常重要的信息[7]。

这项研究是在冰岛完成的。冰岛是北欧的一个岛国，人口只有 36 万多，截至 2020 年 6 月中旬，官方报道的新冠肺炎病例约 2000 人，接近总人口的 0.5%。换句话说，冰岛这个国家为我们提供了一个相对封闭的官方新冠发病率接近世界平均水平的小规模研究样本。更重要的是，冰岛这个国家虽小，却一直是人类基因研究的重镇，有足够的技术能力对国内人口进行大规模的调查研究。截至 2020 年 6 月中旬，这个国家 15% 的人都接受过核酸检测。这个比例很高，换算过来的话，相当于咱们中国给 2 亿人进行了核酸检测。

因此，如果能搞清楚在冰岛这个小规模样本里到底有多少人被新冠病毒感染，就能更加精准地估算新冠感染的病死率。

这个数字怎么获得呢？

你可能会想到全民普测核酸。但是，核酸检测固然是新冠肺炎临床诊断的金标准，却并不是一个很理想的监测人群感染率的方案。因为只有正在患病的人，体内才能测出新冠病毒的核酸；如果一个人已经被治好，或者什么都没做自己就好了，核酸检测是测不出来的。

更合理的方案是，检测血液中的新冠病毒抗体。一个人被新冠病毒感染后，人体免疫系统会被动员起来，产生能够识别并结合新冠病毒的抗体分子，对入侵病毒展开防御。即便在新

---

7 Daniel F. Gudbjartsson, et al. "Humoral immune response to SARS-CoV-2 in Iceland," *The New England Journal of Medicine*, 2020.

冠病毒消失以后，新冠抗体也仍然会在血液里存在相当长一段时间。因此，相比核酸检测，抗体检测能够更好地反映出一个人在过去这段时间里有没有被新冠病毒感染过。

当然，这里还有一个技术问题要解决：想要用抗体检测的方法确定新冠病毒感染人数，要保证这种方法有足够的灵敏度，也就是确定能从被感染的人血液里测到抗体；同时，也要有足够的特异性，也就是确定没有被感染的人就不会检测出抗体。为了证明这两点，研究者们用了6种不同的抗体检测试剂做验证，证明了抗体检测的灵敏度和特异性都不错。一个人哪怕是几个月前被新冠病毒感染并且痊愈了，也能从他的血液中检测出抗体。

有了这个信息，研究者们就开始了大规模的抗体检测。他们不光彻底检查了冰岛的新冠肺炎确诊患者，也检查了这些患者的密切接触者，还随机挑选了几万名既没有确诊，也没有密切接触史的普通人，一共约3万人，也就是冰岛人口的10%，做了抗体检测。

研究的结果是，密切接触者当中有2.3%的人抗体阳性，普通人当中有0.3%的人抗体阳性，综合来看，冰岛应该大概有0.9%的人在过去几个月里感染过新冠病毒。

这个数字意味着什么呢？刚才我们说过，冰岛正式报道的新冠肺炎发病率不到0.5%。也就是说，至少在冰岛这个样本里，新冠肺炎的患者总数可能是正式报道人数的2倍左右。而如果用这个数字作分母，研究者们计算出，在冰岛，新冠肺炎的病死率是 0.3%。这比我们刚才说的 2% 要低一个数量级。

当然，这只是冰岛一个小规模样本的统计结果，是不是能够推广到世界其他地区呢?

看起来应该是可以的。

2020 年 7 月，《柳叶刀》杂志的一项研究为西班牙 6 万多人检测了新冠抗体，发现抗体阳性率为 5% 左右[8]。而西班牙正式报道的新冠肺炎患者人数是 70 多万人，占全国总人口的 1.5% 左右。换句话说，西班牙可能有超过 2/3 的新冠病毒感染者没有被发现和报道。

美国一项研究的发现就更惊人了。2020 年 7 月，发表在《美国医学会杂志·内科学》的一篇论文，研究了美国 10 个不同地区的抗体阳性率。论文声称，在疫情初期，美国的新冠肺炎发病率至少比正式报道的数字高了 10 倍[9]。当然，这种巨大的差异，可能是美国在疫情初期的新冠肺炎检测能力过于低下所导致的。

综合这些分析来看，一个合理的猜测是，新冠肺炎的病死率为 0.3%~0.6%。世界各国，不同时间点的多项小规模研究也基本证明了这一点[10]。

---

8 Marina Pollán, et al. "Prevalence of SARS-CoV-2 in Spain (ENE-COVID): a nationwide, population-based seroepidemiological study," *The Lancet*, 2020.

9 Fiona P. Havers, et al. "Seroprevalence of antibodies to SARS-CoV-2 in 10 sites in the United States, March 23-May 12," *JAMA Internal Medicine*, 2020.

10 Gideon Meyerowitz-Katz, et al. "A systematic review and meta-analysis of published research data on COVID-19 infection-fatality rates," *International Journal of Infectious Diseases*, 2020.

那么如何理解 0.3%~0.6% 呢?

单纯看数字的话,一种疾病的病死率越低,自然是越好,它意味着绝大多数患者都不会有生命危险。0.3%~0.6% 的病死率,比之前推测的 2%~5% 的病死率让人放心不少。

但是,对新冠肺炎这种传播能力很强的疾病来说,症状普遍轻微,甚至存在大比例的无症状感染者,又对疾病防控提出了巨大挑战。

说得极端一点,真被感染了,大概率没事儿,这对患者本身是个好消息,但是对疾病防控却是个坏消息,因为会有很多人在不知不觉中被感染。

类比一下,埃博拉病毒感染的病死率是非常惊人的,有时可能高达 90%,但如此剧烈的毒力也会限制病毒的传播。至今,埃博拉病毒只在非洲西部的特定地区流行过。2014—2016 年的流行,总死亡人数在 1 万人左右。

作为反例,2009 年 H1N1 猪流感的病死率非常低,只有 0.02%,甚至比季节性流感还要低一个数量级,但却因此得到了非常广泛的传播,全球 20% 的人被感染,接近 30 万人死亡。

说到这里我们可以做一个简单的小结了。

定量来看,新冠肺炎的传播能力和 SARS 相当,比季节性流感高出 2~3 倍;它的病死率虽然比 SARS 低,但比季节性流感高出 3~5 倍。从这个角度来说,人们把新冠肺炎类比成 2002—2003 年流行的 SARS,或者类比成每年都有的季节性流感,可能都是存在问题的。而这种不恰当的类比可能会在潜意识里影响人们对新冠肺炎的认知，让人们对防疫的前景出现判断偏差。

也许一个更合适的类比对象，是 1918 年大流感。

咱们之前也说了，看传播能力的话，1918 年大流感的 R_0 为 2.1 左右，低于新冠肺炎（2.5）；看致病能力的话，1918 年大流感的病死率为 2.5% 左右，则要比新冠肺炎高不少（0.3%~0.6%）。两个指标综合，也许我们可以做这样一个比较：如果说季节性流感的威胁是 1，1918 年大流感的威胁是 50，那么新冠肺炎的威胁就是 10~15。

当然，这只是一个很粗糙的比较，只是帮助你更具体地理解新冠肺炎的危险性有多大。不过我发现，这个比较还能得到一些旁证，那就是三种疾病导致的所谓"超额死亡"。

超额死亡在衡量流感威胁的时候是一个很常用的指标。因为流感的病情普遍也比较轻微，并不致命，直接因为患上流感而死的人数是非常有限的（中国每年直接因流感而死的只有数百人）。但是与此同时，也有很多原本年龄偏大、身患基础疾病（糖尿病、心血管疾病、呼吸道慢性疾病等）的人，在流感的攻击下会死于各种并发症。这个时候临床上就很难严格区分他们到底是因流感而死，还是死于各自原本患有的慢性病。这样一来，流感的威胁就成了一个很难定量描述的问题。

为了解决这个问题，人们发明了超额死亡这个指标，抛开具体的病情分析，直接去看在每年秋冬流感高发的季节里，整体死亡人数上升了多少。这些"超额死亡"的人当中，有些直接死于流感，有些死于流感引起的并发症，甚至有些人因为流感季节医院爆满而耽误了诊治其他疾病，他们都可以看成是流感的牺牲品。

根据这个分析方法，全世界每年因季节性流感导致的超额死亡大约为 40 万人[11]。而 1918 年大流感导致的死亡人数则高达5000 万至 1 亿人。相比之下，截至 2020 年 12 月底，新冠肺炎官方死亡人数已经接近 200 万人，超额死亡人数可能还要 2 倍于此[12]。而且这还是在世界各国采取了松紧不一，但史无前例的疫情管控措施之下的结果。

我们单看美国的数据会更有说服力。美国因为季节性流感导致的超额死亡人数每年都在波动，为两三万人[13]。相比之下，新冠肺炎导致的超额死亡人数已经达到 20 万 ~30 万人[14]。

从这个数字来看，我们对新冠肺炎危险性的估计还是比较准确的。在世界范围内，除了咱们中国把新冠疫情的危害控制在极低水平，其他国家新冠肺炎带来的破坏都 10 倍于季节性流感。

能和这种定量分析相互印证的是，从对人类世界的影响来看，新冠肺炎的冲击，百年间大概也只有 1918 年大流感可以与

---

11 John Paget, et al. "Global mortality associated with seasonal influenza epidemics: New burden estimates and predictors from the GLaMOR Project," *Journal of Global Health*, 2020.

12 Guiliana Viglione, "How many people has the coronavirus killed?" *Nature*, 2020.

13 https://www.cdc.gov/flu/about/burden/index.html

14 https://www.cdc.gov/nchs/nvss/vsrr/covid19/excess_deaths.htm

之相提并论。1918年大流感的历史影响早有大量的文献讨论。仔细说来，第一次世界大战的结束、战后欧洲版图的划定、公共卫生系统和医疗保险体系的建立，甚至是弱肉强食的社会达尔文主义思想的退场，都和它有密切关系。

历史的反讽是，在大流感面前，特别是伴随着大量青壮年患病死去，人们意识到单个人类个体的渺小和孤立无援，只有团结起来才能对抗来自大自然的威胁。而新冠疫情尽管尚未结束，但已经导致了全世界主要国家之间的人员交流近乎停滞，改变了数十亿人的生活轨迹，甚至可能推动全球孤立主义的重新兴盛，逆转过去几十年来高歌猛进的全球化趋势。

以史为鉴，新冠肺炎这个1918年大流感的翻版，当然应该引起我们所有人的警惕。

如何理解一种全新疾病

第三章

治疗：新冠肺炎有没有神药？

对新冠病毒和新冠肺炎做了些定性和定量的梳理之后，我们一起来看看人类如何采取行动，对抗这种全新的疾病。

当一种新型的传染病暴发，患病人数和死亡人数仍然在快速攀升的时候，人们下意识的问题都会是："什么时候有特效药？""什么时候能打上疫苗？"

提出这些问题当然是非常自然的。药物治疗疾病，疫苗预防疾病，如果真有这两个东西在手，理论上任何传染病都可以被我们轻松解决。疫苗的问题我们在下一章讨论，这一章我们先来说说药物。

和这种情绪相呼应的是，在 2020 年里，我们从媒体上已经看到了太多太多和新冠药物开发相关的消息："人民的希望"瑞德西韦，"老药新用"的艾滋病药物克立芝，让美国总统特朗普闹了个国际笑话的注射消毒液，让美国食品药品监督管理局（FDA）威信扫地唾面自干的血浆疗法 [1]，甚至还有"喝豆浆抗新冠"这样的闹剧。这一年里被人们严肃研究和讨论过的治疗新冠药物候选，至少有几百个。

---

[1] https://www.npr.org/sections/health-shots/2020/08/25/905792261/fdas-hahn-apologizes-for-overselling-plasmas-benefits-as-a-covid-19-treatment

只可惜现实世界中，科学家和医生手里没有阿拉丁神灯。

原因很简单，一款药物的开发、生产、应用是有着基本的规律的，是有着基本的时间需要的。再强烈的美好愿望，再多的资源投入，再迫切的实际需求，也没办法绕开这些基本规律。

抛开技术细节不谈，总的来说，一款药物正式上市大规模应用之前，都应该包括临床前研究—人体临床试验—正式推广应用三个根本无可替代的环节。

临床前研究包括所有在实验室里完成的必需的研究工作，包括找到候选的药物分子、在细胞和动物模型里做各种安全性和有效性的测试。只有在这个环节通过各种测试的药物分子和疫苗，才能进入下一步，在人体上进行测试。这里头的道理很简单，咱们通俗点说，人命关天，咱们至少得大致证明一个东西无毒无害还有用，才能给人用，特别是给患者用吧。

我们姑且假设这个环节里科学家们可以开足马力做实验，很快就拿到了基本的数据吧。更硬核、更需要时间的东西来了：人体临床试验！我们还需要找一群人（健康人以及患病的人），让他们真的试用药物，然后持续观测这些人体内的药物水平、副作用情况以及治疗效果。只有在这一小群人当中真的证明有效，才可以推广到更大规模的人群中去广泛使用。

而因为人体临床试验自身的特性，这个阶段你想快也快不到哪里去。招募受试者需要时间；一个一个筛选受试者保证他们每个人都符合临床试验的要求需要时间；在严格的监控下服药或者注射疫苗，然后持续高密度地监控这些人的各种生理指标需要时间；还得留足够长的时间看看药效是不是真的显著和持久，有没有长期的毒害作用……

所有这些事情，固然可以在新冠疫情的大背景下大大提速，但加速的空间其实并不大。我们试想一下，本来该招募1000个人测试，你只用了50个人，一旦大规模应用，危害一旦放大，成百上千人死亡怎么办？本来该测3种不同浓度的你只测了一种，最后发现浓度太高毒死人了怎么办？本来该等一个月看长期毒性，你只等了两周，结果大规模应用以后到第三周很多人中毒怎么办？

这也是为什么在正式推广应用之前，临床前研究—人体临床试验环节会淘汰掉超过99%的候选药物——要么发现它们没用，要么发现它们毒害大于好处。所以在真实世界中，如果不是十万火急的疾病，一款新药和一款新疫苗的开发动辄需要10年至15年的漫长时间。就算疫情急如星火必须一切绿灯放行，在某些不太关键的环节做些省略和放宽，没有几年时间也根本谈不上能拿到新药和新疫苗。

我们拿另一种特别严重的病毒——埃博拉病毒——来做个对比好了。

目前人类已经开发出了一种埃博拉病毒的疫苗——rVSV-ZEBOV，2019年底正式批准上市。世界卫生组织亲自参与，并用有史以来的最快速度批准了它——原因当然是疫情刻不容缓。但是即便如此，这款疫苗的人体临床试验过程花了足足两年时间，2014年底启动，在非洲不同国家招募了上万位受试者，到

2016年底才拿到了令人信服的数据证明它安全有效[2]。

埃博拉病毒的药物开发也是如此。即便在疫情压力之下，第一个被正式批准的药物，也做了接近2年的人体临床试验（2018年初至2019年底）[3]。

我想埃博拉的案例足以说明问题了：不管疾病有多严重，不管我们期待新药和新疫苗的愿望是多么迫切，新药和新疫苗开发的规律无法被逾越。就算科学家和医生夜以继日，就算世界各国政府机构超常规无缝配合，1~2年或者更长时间也是起码的要求。

好了，我们说回新冠药物的开发上来。为了更好地探讨新冠药物的可能机会，我们用一个过去一年屡次占据新闻头条的热门药物做个分析，它就是由美国吉利德科技公司开发，被很多人送上绰号"人民的希望"的药物——瑞德西韦（remdesivir）。

首先，我们得先明确一个事情：虽然在新冠疫情中大红大紫，但是瑞德西韦这种药物其实并不是为新冠疫情开发出来的。这倒不奇怪，上面讲了，药物研发动辄需要几年甚至十几年的周期，新冠疫情这才短短一年，根本来不及开发全新的药物。

从2009年被设计出来至今，瑞德西韦这种药物的命运已经经历了多次反转。

一开始，它是美国吉利德公司针对丙肝病毒设计出的候选

2 https://en.wikipedia.org/wiki/RVSV-ZEBOV_vaccine

3 https://www.fda.gov/news-events/press-announcements/fda-approves-first-treatment-ebola-virus

药物。但是瑞德西韦这款药物却没有那么走运，对丙肝病毒效果不怎么样，因此很快就被老东家束之高阁。这种情况在药物开发的过程中非常常见，医药公司每开发出一款有效的药物，被束之高阁的废品动辄都是数以百计。在丙肝治疗的领域，吉利德公司是当之无愧的领导者，它们公司的药物已经把丙肝的治愈率提高到了99%。

到了2014年，西非暴发了有史以来最严重的埃博拉疫情，全世界急需对抗埃博拉病毒的医疗手段。这时候吉利德公司又想起了那些束之高阁的废品药物。

这里头的逻辑可能略有一点绕：丙肝病毒属于RNA病毒，也就是说，它和使用DNA分子作为遗传物质载体的绝大多数地球生物不一样，是用RNA分子作为遗传物质载体的。而在丙肝病毒繁殖的时候，需要一个特殊的蛋白质分子来实现RNA分子的自我复制。瑞德西韦就是针对丙肝病毒这个RNA复制的环节专门设计出来的，它的化学结构有点类似RNA分子，因此能够"混入"RNA复制的过程中去，阻止病毒RNA的继续复制[4]。

埃博拉病毒和丙肝病毒虽然是完全不同的两种病毒，但是它们都属于RNA病毒的大家族，都有这个RNA分子自我复制的环节。因此吉利德公司当时的猜想是，瑞德西韦虽然搞不定丙肝病毒，也许能搞定埃博拉病毒。在抗病毒药物的开发中，一种药物能够对抗不同的病毒，或者一种药物本来针对A病毒

---

4 Wanchao Yin, et al. "Structural basis for inhibition of the RNA-dependent RNA polymerase from SARS-CoV-2 by remdesivir," *Science*, 2020.

开发，却阴差阳错的对 B 病毒有效，这样的事情并不稀奇，因此吉利德公司的想法也不能算是多么离经叛道。

借埃博拉病毒肆虐的"东风"，瑞德西韦的命运迎来了第一次大反转。和美国军方的传染病研究所合作，吉利德公司在 2015 年证明了瑞德西韦确实能够在猴子模型中有效治疗埃博拉病毒感染。到了 2018 年，在埃博拉病毒肆虐的刚果民主共和国，瑞德西韦和其他三种候选的治疗埃博拉药物同时进入人体临床试验。

但结果只是另一次的失望。到 2019 年 12 月，试验结果在《新英格兰医学杂志》发表，在四种候选药物中，瑞德西韦排名垫底[5]，使用瑞德西韦的患者有超过半数死亡，而表现最好的两种候选药物（REGN-EB3 和 MAb114）能把死亡率降低到 30% 左右。这个结果，基本宣判了瑞德西韦的第二次死刑。

而接下来发生的事情，其实有点像历史重演：新冠肺炎的疫情发生了。

在新冠疫情的大背景下，困兽犹斗的吉利德公司再一次想到了瑞德西韦。这款药物固然对丙肝病毒和埃博拉病毒无能为力，但是毕竟它已经通过了不少动物实验和人体临床试验的实战检验，安全性还是可以接受的。新冠病毒和这两种病毒类似，同样都是 RNA 病毒，同样依赖 RNA 的自我复制过程。既然新冠病毒突然出现，尚无特效药物，权且让瑞德西韦上阵，死马

---

5 Sabue Mulangu, et al. "A randomized, controlled trial of ebola virus disease therapeutics," *The New England Journal of Medicine*, 2019.

当作活马医呗，俗话说"下雨天打孩子，闲着也是闲着嘛"。

事情发展到这里，瑞德西韦其实也无非是全球药物开发人员针对新冠病毒的一个平淡无奇的尝试罢了，估计不会有多少人关心。毕竟这一年里针对新冠病毒的药物开发工作进行得如火如荼，瑞德西韦也就是对新冠病毒几百次冲锋中的一次而已。

但是到了 2020 年 1 月 31 日，一个消息让瑞德西韦出现在全球各大媒体的头条[6]。

美国出现了一例新冠肺炎患者，这位 35 岁的中年男性在 1 月初曾到武汉探亲，返回美国之后出现了新冠肺炎的典型症状并开始住院治疗。在住院几天后，患者的病情一直没有好转，考虑到他们在和一种全新的疾病作斗争，疾病发展的情况难以预料，美国医院的医生们决定尝试用瑞德西韦。

说到这里你可能会觉得有点奇怪。瑞德西韦最初是作为丙肝病毒候选药物开发出来的，之后又作为埃博拉病毒候选药物接受了人体临床试验，但是结果都不尽如人意。就算它理论上也许可以对抗新冠病毒，那也至少得接受严格的临床试验检验吧？怎么能说给人用就给人用呢？

这确实是一个非同寻常的操作，被称为"同情用药"。这是美国药监局在 2009 年特别指定的一项政策，给极其紧急的药物临床应用开了一个小小的口子[7]。按照这项规定，患者如果出现

6　Michelle L. Holshue, et al. "First case of 2019 novel coronavirus in the United States," *The New England Journal of Medicine,* 2020.

7　https://www.fda.gov/news-events/public-health-focus/expanded-access

了紧急的而且危及生命的疾病，医生们可以考虑特别申请使用那些其实还没有获得批准上市，仍然在研发过程中的药物。这一次，美国医生就动用了"同情用药"这个绿色通道，给他争取来了一些还没上市的试验性药物。

但是，我想你肯定能够想到，同情用药这个后门有一个巨大的风险：它如果开得太大，本质上会让整个药物开发和审批流程彻底失效，因为任何患者和医生都有可能在焦急的情况下尝试任何有可能有用的药物！因此美国食品药品监督管理局（FDA）给同情用药的约束也是非常多的，患者的病情必须极度危急、手头毫无治疗方法，并且人体临床研究也不可能开展的时候，才会慎重考虑。FDA 每年仅仅会批准 1000 多个患者提出的同情用药的申请[8]。考虑到美国人每年加起来求医问药的次数超过 10 亿次，同情用药的适用范围小到几乎可以忽略不计。

那这次破例同情用药的结果如何呢？

医生们在《新英格兰医学杂志》的论文中报道，在用了瑞德西韦 1 天后，患者的血氧含量就提高了，也不再需要吸氧。三四天后，患者虽然仍在住院接受护理，但是肺炎症状几乎消失，咳嗽也大大减少。于是，他们立刻向全世界报道了这个案例。

严格来说，我们能从这项研究中获得的科学信息是极其有

---

8 https://web.archive.org/web/20180517061940/https://www.fda.gov/newsevents/ publichealthfocus/expandedaccesscompassionateuse/ucm443572.htm#Expanded_ Access_IND1

限的。患者的症状好转是不是瑞德西韦起的作用本身就非常可疑，毕竟新冠肺炎患者有相当比例是可以自己好起来的。而且有且仅有这么一个案例，就算真的是瑞德西韦起了作用，也很难说有没有大规模推广的价值。

但是，我们别忘了 2020 年 1 月底的时候全世界面临的是什么局面：一种全新的疾病在人类世界肆虐，武汉这座上千万人口的城市一夜之间封城，社交媒体上传播的都是各种真真假假但同样耸人听闻的消息。在这种情形下，这项本身科学价值很低的研究在人们的焦虑和期待中被无限放大，瑞德西韦也就在这一刻被请上神坛，"人民的希望"这个昵称应该也就诞生在那个时候。（瑞德西韦的英文名 remdesivir，念起来有点像人民的希望。）

就这样，瑞德西韦迎来了第二次命运大反转，成了新冠疫情的希望。

在那之后，围绕瑞德西韦的开发和应用走上了快车道。一方面，吉利德公司借机开展了更大规模的同情用药，并且也确实发现很多患者用了瑞德西韦之后病情好转[9]。但是基于上面的原因，这些证据本身仍然无法说明瑞德西韦真的能够治疗新冠肺炎，或者说，无法证明新冠肺炎患者的病情好转和瑞德西韦有因果关系。所以另一方面，吉利德公司也在积极推动全世界各地的医生们针对瑞德西韦进行更加严格的人体临床测试，特

---

9 Jonathan Grein, et al. "Compassionate use of remdesivir for patients with severe COVID-19," *The New England Journal of Medicine*, 2020.

别是大规模、随机、双盲测试，真正比较瑞德西韦和其他治疗方法的作用，看看这种药物是不是"人民的希望"。

截至 2020 年底，全世界范围内一共开展了 8 项大规模的瑞德西韦临床试验[10]。

到 2020 年 4 月 29 日，其中三项临床试验用不同方式发布了结果，让我们终于得以严肃检验一下瑞德西韦的"希望"成色。

这三项试验里，第一项是吉利德公司自己开展的[11]。这项研究开始于 3 月初，一共吸纳了 400 位新冠肺炎患者。值得注意的是，这项研究的设计是比较不走寻常路的。一般来说，想要测试一款新药的疗效，我们得找来一批患者，把他们随机分组，一组给瑞德西韦，作为对照的另一组给安慰剂，或者给别的待测试的药物，然后过一段时间比较不同组患者之间的数据。但是，在吉利德公司这项研究里，它们没有设置对照组，两组患者的区别仅仅在于是用五天瑞德西韦，还是用十天。

试验的结果说明，五天用药的效果和十天用药的效果差不多。在给药开始 14 天之后，都有差不多 60% 的患者病情显著好转，能够出院，也有 10% 左右的患者病情恶化而去世。而且不管是用几天药，副作用整体都还是比较轻微的。

该怎么理解这项结果呢？

---

10 https://www.gilead.com/purpose/advancing-global-health/covid-19/remdesivir-clinical-trials#

11 Jason D. Goldman, et al. "Remdesivir for 5 or 10 days in patients with severe COVID-19," *The New England Journal of Medicine*, 2020.

我是这么看的，如果瑞德西韦确实管用，那这项研究能够大大加速瑞德西韦的临床应用。毕竟这种药物得静脉注射才行，给药时间太长会大量占用有限的病床资源和医护人员的精力，能 5 天治好回家休养，这比 10 天疗程快了一倍。所以整体来说，这也算是一个好消息。但是，这个好消息的大前提是，瑞德西韦它得真的有效才行啊！而这项研究因为根本没有对照组，我们实际上仍然无法判断它到底有没有效，有多大效果。

　　回答瑞德西韦是否真的有效这个最核心问题的重任，就落到了 4 月 29 日揭晓的另外两项重磅临床研究上了。而让很多人无所适从的是，这两项研究的结果居然看起来是反的！

　　我们分别来说说，其中一项研究是在中国武汉做的，由中日友好医院的曹彬教授领导。这项研究开始于 2 月初，原计划也是要测试 400 位患者，但因为武汉的疫情在 3 月后得到了迅速控制，也因为这项研究开展得比较严格，最终没有收入足够的受试者，但 230 多位患者的规模也已经有相当的说服力了。

　　这项研究是一项严格的随机双盲试验，可以看成是瑞德西韦接受的第一次大考。4 月 29 日，这项研究的结果发表于《柳叶刀》杂志，结果简单来说就是：瑞德西韦无效 [12]！

　　具体来说，在试验开始的时候，绝大部分患者的症状都是比较严重的，80% 左右需要入院治疗并辅助吸氧，还有 20% 左右需要上呼吸机。而到了 28 天后试验结束的时候，不管是用没

12　Yeming Wang, et al. "Remdesivir in adults with severe COVID-19: a randomised, double-blind, placebo-controlled, multicentre trial," *The Lancet*, 2020.

用瑞德西韦，大部分患者的症状都有了好转，60%左右的患者已经可以出院；而不管是用还是没用瑞德西韦，也都有大约15%的患者不幸身亡。除了这些最重要的指标之外，医生们还比较了包括病毒水平、疾病好转的速度、副作用等许多指标，但在两组之间没有发现任何统计学上的差异。

换句话说，如果这项研究的结果真实可靠，那么不管是瑞德西韦早期吸引眼球的同情用药也好，还是吉利德公司刚刚公布的大规模研究也好，患者病情的好转都和瑞德西韦毫无关系，有没有瑞德西韦，在常规的治疗措施下，重症患者有60%左右彻底康复，有10%~15%去世，如此而已。

那是不是说瑞德西韦的第二次命运反转，会和第一次一样，以巨大的失望收场呢？

别着急。就在同一天，美国抗击新冠疫情的关键领导人物之一，美国国家过敏和感染病研究所的所长安东尼·福西（Anthony Fauci）在白宫记者会上宣布，由他们研究所主持的另一项瑞德西韦双盲试验取得了重大进展，在这项开始于2月，同样采取了双盲对照试验的研究中，瑞德西韦能够"清晰地、显著地缩短疾病好转的时间"。在他看来，美国监管部门会在很短时间内批准这款药物正式上市，用于新冠肺炎的治疗。

这项研究的正式分析结果在4月底其实并没有发表，最终结果要到10月才正式出炉[13]，福西博士是提前"泄密"。说白了，

13　John H. Beigel, et al. "Remdesivir for the treatment of COVID-19-final report," *The New England Journal of Medicine*, 2020.

这种做法大概率就是为了对冲一下瑞德西韦中国研究的负面结果，不想让大伙太失望了。

可这相互矛盾的结果，到底是怎么回事呢？

我要提醒你，不要轻易给出判断，真正的魔鬼隐藏在细节中。

从表面看，两项研究的设计思路是很接近的，都是针对重症新冠肺炎患者进行，都是在随机分配的两组新冠肺炎患者中检验瑞德西韦相比安慰剂的区别，看看瑞德西韦是否能够显著地改善病情。而美国这项研究的规模要大得多，测试了超过1000位患者。那是不是我们应该更相信美国研究的积极结果呢？

不一定。这里有几个细节需要特别注意。

最重要的细节是，虽然中美两项研究都在比较疾病改善的情况，但是使用的具体指标是很不一样的。

中国研究的指标叫作"临床改善时间（time to clinical improvement）"，具体来说，就是根据疾病严重情况给每位患者打分，死亡是6分，彻底治愈出院是1分。所谓临床改善，就是看患者什么时候分数降低2分，比如，在中国这项研究中，大部分患者开始试验的时候都是需要住院吸氧的，打3分，那么只有当他们彻底治愈可以出院的时候，才会被看作是临床改善，要记录用了多长时间。

而美国这项研究用的指标叫作"复原时间（time to recovery）"，这听起来似乎是一个更加理想的状态，但实际上它的判断标准要宽松很多。打个比方，一个患者住院的时候需要吸氧，那么只要他不再需要吸氧了，或者仍然需要吸氧但是可以出院在家里自己吸氧了，都可以认定是"复原"并计算时间——请注意，这位患者如果在中国的研究中，必须等到出院才会被认定为临床改善。

而在这个比较宽松的标准下，福西博士说，瑞德西韦能够将复原时间从 15 天缩短为 10 天左右，取得了统计学上极其显著的缩短，因此药物有效。

这么看的话，其实我们对于瑞德西韦的药效预期是要打一个大大的折扣的。它可能确实有效——毕竟能够让疾病好转快上几天，至少能够大大缓解对医疗资源的占用，对于对抗疫情是有价值的。但是这种有效对于具体的患者而言，肯定远没有到"人民的希望"的程度。

这一点也得到了另外几个细节信息的支持。

比如，我们能够查到，其实美国这项临床研究最早的时候采用了和中国研究非常类似的判断标准，也是给患者的病情打分，然后看看分数是怎么降低的——这其实也是世界卫生组织推荐的标准方案——但是在 4 月中旬，美国研究者们悄悄地修改了判断标准，换上了"复原时间"这个相对宽松的标准。当然了，试验中途改换判断标准虽然少见，但也不是完全不被允许的，但是这个操作本身至少已经说明，美国的研究者们对瑞德西韦的药效也没有特别强的信心，至少他们当时就有了一个判断：如果按照比较严格的标准，这个药物可能是无效的。

再比如说，即便是在白宫记者会上眉飞色舞的福西博士，也同时提到，在美国这项研究中，瑞德西韦也并没有显著降低患者的病死率。也就是说，在挽救更多生命这个角度，瑞德西韦能够提供的价值非常有限。

说到这里，我们就可以给瑞德西韦的第一次大考做个总结了。瑞德西韦针对新冠肺炎很可能还是有一点疗效的，至少能显著缩短患者康复的周期。这一点对于抗击新冠疫情当然是有价值的——我们已经反复看到新冠疫情暴发之下医疗资源会被迅速耗尽，而耗尽之后缺乏医疗救助的患者的死亡率会急剧攀升。能够缩短病程，也许就能够部分缓解医疗机构的负担，为抢救更多患者争取时间。

但是同时我们也不能对这种药物的临床效果有太高的、不切实际的期待——至少，它肯定谈不上是"人民的希望"。我们已经说过，新冠肺炎整体上不算是一种特别严重的疾病，可能多达 80% 的新冠肺炎患者症状轻微，实际上不需要接受什么医疗救助也会自己康复。而对于肺功能出现明显问题的重症患者来说，常规的支持疗法，包括吸氧、呼吸机、补液、常规抗病毒药物等，已经能够取得非常不错的疗效。就拿瑞德西韦中国研究的对照组患者来说，60% 也会在几周的治疗之后彻底康复。而用瑞德西韦的，一方面不会显著降低重症患者的死亡率，另一方面似乎也没有大大增加彻底康复患者的比例，而仅仅是部分加快了康复的速度，这种价值也确实不能太过高估。

接下来的走向也基本印证了这个分析，到 2020 年 5 月初，FDA 批准了瑞德西韦的紧急使用授权，到了 8 月更是允许所有住院治疗的新冠肺炎患者使用瑞德西韦。到了 2020 年 10 月，美国药监局终于姗姗来迟地批准了瑞德西韦正式上市。

这个决定我觉得可以这么理解：瑞德西韦看起来比较安全，效果虽然不算很好但也好像聊胜于无，因此你们先用起来是没问题的。而且真的上市以后，它就可以作为一个其他药物的对比标准，别的治疗新冠肺炎的新药想要上市，好歹你得比瑞德西韦更好用才行。

这也就意味着在两次命运的转折之后，吉利德公司终于给瑞德西韦找到了第三个身份，也是第一个可能被人们接受的身份——它不再是一个失败的丙肝病毒药物或者失败的埃博拉病毒药物，而是取得了一定成功的新冠肺炎药物了。吉利德公司也肯定会因此获得巨大的商业收益，毕竟在相当长的一段时间内，瑞德西韦都会成为全世界大量医疗机构的常规药物储备了。

但是，事情还没完。

我们说了，瑞德西韦的成色仍然不足，它的药效仍然需要接受更严格、更大规模的检验。

到了 10 月 15 日，最具有说服力的研究数据出炉了。自2020 年初开始，世界卫生组织牵头进行了一项至今为止规模最大（11000 多名新冠肺炎住院患者参与）、覆盖地区最广（30 个国家，405 家医院）、设计最严格的新冠药物临床试验。而这一项研究的结果是：瑞德西韦无效[14]！

这项研究一共测试了 4 种曾经被人们寄予希望的新冠肺炎

14　WHO Solidarity trial consortium, et al. "Repurposed antiviral drugs for COVID-19 – interim WHO SOLIDARITY trial results," *medRxiv*, 2020.

药物，除了瑞德西韦之外，还有另外几种你可能也在新闻上看到过的药物：羟氯喹、克立芝（洛匹那韦／利托那韦）、干扰素。

和瑞德西韦一样，这些药物也不是在新冠疫情之后开发出来的新药，而是已经广泛使用的老药：羟氯喹被广泛用来治疗疟疾，克立芝被用来治疗艾滋病，而干扰素是常用的广谱抗病毒药物。和瑞德西韦一样，在新冠疫情中人们发现这些药物可能有潜在的效果，医生们也已经或多或少在使用这些药物。最后，和瑞德西韦一样，这些药物的疗效，也都急需得到非常严格的检验。

在世界卫生组织公布的数据中，医生们检测了包括患者的病死率、是否需要吸氧（这可以作为病情发展的衡量标志）以及住院时间的长短（这可以作为病情好转的衡量标志）。在所有这些指标中，所有四种药物都没有展示出值得一提的作用。甚至有些药物（比如羟氯喹）可能还有一定的害处（这也得到了另一项研究的支持）[15]。

在我看来，这项研究之后，瑞德西韦的命运出现了第三次大反转。我们至少可以清晰地做出判断：至少对病情比较严重、需要住院治疗的新冠肺炎患者来说，瑞德西韦无效——实际上人类至今还没有发现任何一种对新冠肺炎有明确效用的抗病毒药物。

那是不是"人民的希望"就此彻底梦碎呢？

---

15 The RECOVERY Collaborative Group, "Effect of hydroxychloroquine in hospitalized patients with COVID-19," *The New England Journal of Medicine*, 2020.

倒也不是。

请注意，刚才我们描述的关于瑞德西韦的研究，主要集中在那些病情比较严重、已经住院治疗的患者中。这个道理也很自然，症状轻微的新冠肺炎患者并不需要入院治疗，大多数可以自行好转，当然也就没有必要使用一种尚未得到严格证明的新药。

但是否存在这样一个可能性：瑞德西韦虽然对于这些病情已经比较严重的患者帮助不大，但如果提前使用，它有没有可能阻止轻症患者发展成重症，提前预防严重疾病的出现呢？

这个推测当然也不是我瞎猜。从瑞德西韦临床研究的具体细节来看，大部分患者是在发病 10 天左右开始接受瑞德西韦治疗的，而到那个时候，患者体内的病毒含量其实已经达到峰值，之后会逐步缓慢下降。要知道瑞德西韦的主要作用是抑制病毒的复制，病毒含量已经在自己下降了，它的作用可能就已经比较有限了。

如果把用药时间提前到刚发病几天内，提前到病毒刚刚进入人体正在疯狂复制的阶段，会不会更好？实际上也有一项猴子模型的研究表明，如果在病毒感染后立刻给瑞德西韦，猴子们的症状会大大缓解[16]。如果我们假设猴子的新冠肺炎和咱们人的类似，那这种差别的关键，可能就是一定要提早用药了。

其实我们可以把瑞德西韦和流感药物奥司他韦（也就是我

---

16 Brandi N. Williamson, et al. "Clinical benefit of remdesivir in rhesus macaques infected with SARS-CoV-2," *BioRxiv*, 2020.

们熟悉的达菲）做个比较。很多人会觉得达菲是流感的特效药，但是实际上，达菲并不能降低流感的病死率，似乎也不能降低流感引发肺炎等并发症的概率，作用也就仅仅能将流感的病程缩短1天罢了——不吃药一周好，吃了药6天好，就这么点差别。

而达菲的使用还有一个特别值得注意的细节。它的治疗效果很一般，而且你还必须得在发病的前两天吃才能看到这个效果。但如果在病毒流行的季节提前预防性服药，却可以降低感染流感的概率[17]。这可能是因为达菲的作用机制也是阻止流感病毒的复制，因此只有在病毒数量仍然比较低的时候，才能取得最大的疗效。也许瑞德西韦的价值，也可以往这个方向挖掘。为了更好地控制新冠疫情，拯救更多的生命，这个思路我认为还是值得做更多探索的[18]。

我很期待能看到瑞德西韦这个药物能够迎来第四次命运反转，找到真正能够发光发热的位置。

说到这里，瑞德西韦的故事就给你讲完了。

我想，从这个一波三折的故事里，你应该能更加明白我在本章开头的讨论。为什么一款新药的开发和上市需要那么长时间、那么大投入；为什么我们不应该急急忙忙把一种药物推上临床；为什么我们不能对药物对抗新型传染病有不切实际的期待。

---

17 Tom Jefferson, et al. "Oseltamivir for influenza in adults and children: systematic review of clinical study reports and summary of regulatory comments," *BMJ*, 2020.

18 John H. Beigel, et al. "Remdesivir for the treatment of COVID-19 — final report," *The New England Journal of Medicine*, 2020.

　　　　　　　如何理解一种全新疾病

在过去的一年里，我们已经从新闻上看到了太多太多的新冠肺炎"药物"。它们有些是瑞德西韦这样起死回生的失败药物，有的是艾滋病药物，如克立芝这样移花接木老药新用的药物，有的是传统中医药，有的是科学家们在实验室里筛选出来的形形色色的"候选药物"……甚至在某段时间，在武汉地区，有超过300项临床试验同步开展，各种各样的治疗方法都被用于新冠肺炎患者。

这种现象本身是可以理解的：面对一种全新的疾病，人类手里又缺乏任何现成的工具，恐慌，焦虑，病急乱投医，死马当成活马医，甚至是打破常规，大干快上，都是人之常情。

但是这种现象却不能成为人类医学实践的常态，否则带来的破坏力会远大于收获。瑞德西韦就是一个很好的例子，从1月"人民的希望"到如今盖棺定论的负面结果，世界各地的研究者们实际上是在用严格的科学标准打破人们的集体幻觉。这样的做法固然残酷，但是如果不这么做而盲目乱用瑞德西韦，带来的麻烦可能会更加让人难以接受。

药物开发有自己的基本规律。对于任何一种药物来说，在真正大范围地向患者群体推广之前，必要的验证工作是无论如何也绕不过去的。这既包括在实验室内进行的关于药物作用机制方面的研究（所谓"临床前研究"），也包括在一部分患者群体内进行的人体临床试验。这些研究能够帮助我们理解潜在药物的作用机制、安全性、药效、使用方式和使用范围。在缺乏这些必要证据支持的时候，贸然将一款药物推向临床应用，可能会引发比疾病本身更严重的问题。所以越是在公共卫生危机面前，越是面对舆论和公众的压力和催促，医药行业的从业者就越是要谨慎小心，防止在情绪推动下将更大的未知风险释放出来。

类似的例子已经有不少了。类似瑞德西韦，艾滋病药物克立芝曾经被人们寄予厚望，经常出现在新闻头条。特别是 2004 年，香港学者在 SARS 期间在四十几位患者中尝试了这种药物，事后发现效果还不错，降低了死亡风险[19]。因此在新冠疫情初期很快就被人们拿出来用于临床救治。但是我们需要注意的是，即便是这项 2004 年的研究本身，也有不少科学家提出了严肃的质疑[20]。

而它对新冠肺炎是不是管用，在疫情初期根本没有靠得住的证据。相反，即便在小规模的尝试中医生们也观察到了不少严重的副作用，比如心脏不良反应、胃肠道反应、血糖异常、胰腺炎、血脂升高、肝损伤等问题。考虑到这次不少重症患者本身就携带很多基础的代谢和心脑血管疾病，这些副作用就更加值得警惕了。事实上，在几个月后，严肃的临床试验证明克立芝并无传说中的神奇疗效[21]。

---

19 C M Chu, et al. "Role of lopinavir/ritonavir in the treatment of SARS: initial virological and clinical findings," *Thorax*, 2004.

20 Lauren J Stockman, et al. "SARS: systematic review of treatment effects," *PLOS Medicine*, 2006 .

21 Bin Cao, et al. "A trial of lopinavir–ritonavir in adults hospitalized with severe COVID-19," *The New England Journal of Medicine*, 2020.

如何理解一种全新疾病

在美国，我们也看到了类似（甚至更严重）的问题。FDA曾经在缺乏临床证据的时候，快速批准过氯喹和羟氯喹这两种存在危险副作用的药物用于治疗新冠肺炎，但是随即遭受多方的强烈质疑，随后不得不警告公众不要随意用药[22]。FDA匆忙批准的康复期患者血浆治疗方法（即从新冠肺炎康复期的患者体内抽取含有新冠抗体的血浆，用于其他患者治疗）也被很多业内专家猛烈批评，甚至被认为是数十年来FDA遭遇的最严重的信任危机[23]。

实际上即便面对危机，我们仍然需要问自己一个问题，我们真的需要放弃科学理性，为了情绪上的安全感，去违背医学和药物开发的规律吗？考虑到新冠肺炎在大多数时候症状并不严重，少数重症患者在传统的支持疗法下大多数也能收到很好的疗效，我想答案是否定的。与其说去期待虚无缥缈的神药，并且为了这些神药不惜违背科学规律，我想，我们有更好的办法。毕竟面对新冠肺炎这个敌人，我们已经有大量行之有效的对抗措施——保持社交距离、佩戴口罩、科学洗手、高密度的核酸检测和强制隔离、锻炼身体增强免疫力、常规抗病毒治疗，等等。

在科学和理性的支持下，我相信，我们能够制服新冠病毒这个危险的敌人。

---

22 https://www.fda.gov/drugs/drug-safety-and-availability/fda-cautions-against-use-hydroxychloroquine-or-chloroquine-covid-19-outside-hospital-setting-or

23 https://www.sciencemag.org/news/2020/08/fda-s-green-light-treating-covid-19-plasma-critics-see-thin-evidence-and-politics

第四章　预防：新冠疫苗，全球行动

上一章我们聊了该如何看待新冠肺炎药物的开发。从瑞德西韦一波三折的故事里，我们应该能对新冠肺炎药物有更好的判断和更理性的预期。

药物是这样，疫苗的情况如何呢？

在人类历史上，真正能够帮助我们大范围抵抗甚至消灭传染病的，主要是疫苗，而不是药物。在新冠病毒肆虐的 2020 年，人们也一直期盼疫苗早日问世。但是从传统上看，疫苗研发是一项远比药物开发还要艰难的任务。如果说一款药物的研发动辄四五年，那一款疫苗的研发花上二三十年也不算什么新闻。

比如从人类发现脊髓灰质炎——小儿麻痹症的病毒到疫苗问世，用了足足 45 年时间；就算有了现代分子生物学的帮助，乙肝病毒从被发现到开发出疫苗也用了 17 年。

这次新冠疫情固然引起全世界的重视，各国对疫苗的研发投入也前所未有，但这样就能打破疫苗研发的历史规律吗？

想要说清楚这个问题，我们得先花一点时间解释一下疫苗到底是靠什么工作的。

就拿人类历史上消灭的第一种病毒——天花病毒来举个例子吧。天花病毒感染人之后，会在短时间内入侵和杀死大量人体细胞，最终可能导致患者死亡。在典型的天花流行时，大约有 30% 的患者会在两周内痛苦地死去，而剩下的幸存者虽然会在脸上、身上留下永久的瘢痕，但却也因此形成了对天花病毒的终身免疫力。

这个免疫力是如何形成的呢？

从现代生物学的角度理解，这是因为在天花病毒入侵人体后，人体的免疫系统会快速发展出两套特定的防御机制来对抗它们。

一套叫作"体液免疫"，简单来说就是人体的一类免疫细胞——B 细胞，大量产生针对天花病毒的所谓"中和抗体"，识别和消灭在血液中自由流动的天花病毒颗粒，阻止病毒进一步入侵人体细胞；另一套防御机制叫"细胞免疫"，就是人体的另一类免疫细胞——T 细胞，识别已经被天花病毒入侵了的人体细胞，直接杀死它们，用壮士断腕的方式让这些细胞内的天花病毒也死掉。

被感染后幸存下来的这部分人，免疫功能足够强大，能够在天花病毒杀死人体之前先把病毒消灭掉。更重要的是，在病毒被消灭之后，这两套防御机制——体液免疫和细胞免疫，也被保留了下来，形成了所谓"免疫记忆"。这样一来，当这个人再被天花病毒入侵的时候，免疫系统就会在第一时间做出反应，不等病毒发威就直接消灭它，这就形成了持续终生的免疫力。

从这个角度上说，既然感染以后就不会再感染，那么天花病毒本身就是它自己的疫苗。当然，这个疫苗的风险太大了，没有人会疯狂到冒着 30% 的死亡风险让自己先感染一遍天花病毒。

怎么办呢？

最自然也是最传统的制造疫苗的方法，叫作"减毒活疫苗"。简单来说，就是培养一种和原来的病毒基本一样，但毒性要弱得多的病毒，把这些活病毒直接注射到人体内，引发一次局部的、很轻微的病毒感染，借此形成免疫记忆。

天花疫苗的发明逻辑其实就是如此。古代中国和印度的医生其实已经用了类似的思路来预防天花。他们收集天花患者身上留下的痘痂或者脓液，吹入健康人的鼻孔，或者在健康人手臂上划开一个小伤口涂抹进去，人为地制造一个小规模的局部的天花感染。大多数情况下，被接种了"人痘"的健康人能够快速消灭这一点入侵的天花病毒，并且因此发展出对天花病毒的终身免疫力。

但这种方法还是太危险。毕竟"人痘"里含有的是货真价实的天花病毒，一旦控制不好等于是直接让接种人感染天花，因此带来的死亡风险高达 2%。

到了 1796 年，英国医生爱德华·詹纳偶然发现，养牛场里感染过牛痘病毒的挤奶工就不会再感染天花病毒了。因此，他就人为地把牛痘病毒转移到了一个八岁男孩的胳膊上，然后又让男孩感染天花。结果，这个男孩果然出现了对天花病毒的免疫力。这个操作当然是完全不符合今天的医学伦理的，但这个结果却宣告了天花疫苗的正式诞生。在近 200 年后的 1979 年，人类正式消灭天花病毒，依靠的就是詹纳发明的牛痘疫苗。

詹纳发明的牛痘疫苗，就是一种减毒活疫苗。只不过这种减毒活疫苗不是利用天花病毒培养出来的，而是借助了天然存在的牛痘病毒。

牛痘病毒和天花病毒的生物学特征高度相似，但是毒性小得多（毕竟牛痘病毒主要是感染牛的）。在感染人体以后，牛痘病毒引起的症状很轻微，人很快就会自己好起来。这样一来，被牛痘病毒感染又痊愈的人，就形成了对牛痘病毒的免疫记忆，能够抵抗这种病毒的再次入侵。而因为牛痘病毒和天花病毒高度相似，人体也就顺便形成了对天花病毒的防御能力。

讲完了天花病毒和天花疫苗的例子，开发疫苗的基本逻辑就很清楚了：

我们真正需要的疫苗，其实就是一个比真的病毒安全，但是同样能够引发人体对病毒的免疫记忆，能够让人体对真病毒拥有识别和防御能力的假病毒。人类历史上拥有的所有疫苗，都是遵循这个逻辑开发出来的。

其中最有效的一条开发路径，就是刚才说过的减毒活疫苗。这种疫苗能在最大限度上模拟病毒的一切生物学特征，不光长得像，进入人体之后入侵和繁殖的方式也非常像。这样一来，它就能最大限度地激活人体的体液免疫和细胞免疫这两条防御路径，形成对真病毒持久的免疫力。我们从小接种过的疫苗里，就有很多减毒活疫苗，比如麻疹疫苗、腮腺炎疫苗、水痘疫苗等。

不过虽然效果很好，但减毒活疫苗也有它的麻烦。既然是活病毒，能入侵人体细胞，能自我复制，还能变异，就很难说它会不会引起什么意想不到的副作用。比如说针对脊髓灰质炎病毒,传统上用的就是减毒活疫苗,也就是通常说的"脊灰糖丸"。但是在极少数情况下，糖丸里的病毒会发生变异，恢复强烈的毒性,不光不能为人体提供保护,反而还会直接引发脊髓灰质炎。这就是所谓的"疫苗衍生脊髓灰质炎"，发病率在二百五十万分之一左右。有人甚至给这种现象起了一个很可怕的名字，"恶魔的抽签"。

减毒活疫苗的另一个大麻烦是，开发周期实在太长了。人们往往需要在实验室里长期培养和筛选，才能挑选出毒性大大降低，但仍然能激活免疫反应的活病毒。这个工作有点像传统的农业育种，需要日复一日、年复一年的烦琐工作，而且还有很大的运气成分。我们说，历史上疫苗开发的周期很长，其实主要说的就是减毒活疫苗。

在这次新冠疫情中，长期来看，减毒活疫苗应该是必须要走的路。但在近期内，这条开发路径意义不大，远水解不了近渴。

怎么办呢？有没有其他开发疫苗的方法呢？

当然有。

我们说过，疫苗其实就是一个假病毒，它比真的病毒安全，但是同样能引发人体对病毒的免疫记忆，让人体对真病毒拥有识别和防御能力。从这个意义上说，病毒的任何一个组成部分，可能都有这个潜力。你看，因为仅仅是病毒的一个组成部分，它根本无法入侵人体细胞，显然没有什么危害，比较安全。但这个单独的组成部分，肯定和完整的病毒有些相似性，所以也确实有可能引发人体的免疫记忆，让人体获得识别和防御真病毒的能力。

除了减毒活疫苗之外，人类目前拥有的所有疫苗开发手段，本质上都是这个路子。我们分别来讨论一下。

其中最传统的一种，叫作"灭活疫苗"。就是在实验室和工厂里培养一大堆病毒颗粒，然后用化学药品或者紫外线照射，把病毒颗粒的生物学活性给破坏了，然后一股脑注射到人体内。

在外形上，这种疫苗保有了真病毒的不少特征，但是既然活性已经被破坏，就不能再入侵人体细胞了。因此一般来说，灭活疫苗能够激发人体的体液免疫，也就是说，能够产生识别病毒颗粒的中和抗体去杀灭病毒，但是不太能引发细胞免疫，因为没有真病毒入侵，不存在需要被杀死的人体细胞。这样一来，免疫保护作用就弱了不少，往往需要打好几针才管用，还需要添加能够人为增强免疫反应的化学物质（学名叫作"佐剂"，常用的是含铝盐的佐剂）。我们从小使用的疫苗里，也有不少是灭活疫苗，比如流脑疫苗、百白破疫苗，还有流感疫苗。

在这次新冠疫情中，不少研发机构在沿着这个路径开展工作。比如北京科兴生物技术公司和中国国药集团中国生物分别研发的三款新冠病毒灭活疫苗，在 2020 年底前都已经进入了三期人体临床试验，而且已经对几万人进行了应急接种[1]。

---

1 http://www.xinhuanet.com/fortune/2020-10/21/c_1126636472.htm

我们来具体看看这些疫苗的研究数据。2020 年 5 月 6 日，科兴生物把他们疫苗的动物实验结果发表在了《科学》杂志上[2]。2020 年 6 月 10 日，国药集团中国生物北京生物制品研究所也在《细胞》杂志上发表了灭活疫苗的动物实验结果[3]。

两项研究的结果类似，我们可以放在一起简单做个分析。

具体的研究是这样做的：研究者们分别选取了一种从人群中提取的新冠病毒，在实验室进行大规模培养。收集足够的病毒颗粒后，再加入一种能够改变病毒 RNA 分子结构、破坏病毒复制能力的化学物质，然后再加入增强免疫反应的铝佐剂，最终制备出可供动物测试的新冠灭活疫苗。

随后，科学家们用小鼠、大鼠、荷兰猪、恒河猴作为实验对象，给它们注射了两到三针灭活疫苗。等待几周之后，果然在它们的血液里发现大量的新冠病毒中和抗体，这说明动物的免疫系统确实被激发，开始大量生产抗体分子识别和对抗入侵的病毒颗粒了。这就进一步证明这几针疫苗确实引起了预想之中的体液免疫反应，应该对病毒有一定程度的抵抗作用。

当然更重要的是疫苗是不是真的安全有效。两种疫苗的安全性看起来都不错，接种了疫苗的猴子活蹦乱跳，状态正常，最多就是打针的地方有点红肿。为了直接验证其效用，研究者

2 Qiang Gao, et al. "Development of an inactivated vaccine candidate for SARS-CoV-2," *Science*, 2020.

3 Hui Wang, et al. "Development of an inactivated vaccine Candidate, BBIBP-CorV, with potent protection against SARS-CoV-2," *Cell*, 2020.

们干脆直接给接种了疫苗的猴子们人工感染了新冠病毒。结果发现，相比没有接种疫苗的对照组猴子，接种过疫苗的猴子体内的病毒水平大大降低，而且肺炎的症状也明显更轻。其中特别有吸引力的一个细节是，在大部分实验条件下，接种过疫苗的猴子体内的新冠病毒会完全消失，肺部也根本没有出现肺炎症状。这种所谓"消除性免疫"的现象，是人们最期待看到的。因为这意味着疫苗能够提供 100% 的保护，接种疫苗的猴子不光自己不会得病，体内也不会携带病毒传播给其他猴子。

在动物实验结果的鼓舞下，三种灭活疫苗也都顺利快速地进入了人体试验。在这个阶段，几百位健康人会被挑选出来接种疫苗，观察是否激发了预想中的免疫反应，以及对人体有没有什么严重的副作用。

10 月，三种灭活疫苗都公布了人体临床试验的初步结果 [4,5,6]，我们在这里也做一个简单的总结和分析。

简单来说，这些临床试验主要解决的是两个问题：疫苗是否足够安全，健康人会不会出现严重副作用；疫苗是否能够激发人体的免疫反应。从数据上看，两个目标都很好地实现了。

---

4 Yan-Jun Zhang, et al. "Immunogenicity and safety of a SARS-CoV-2 inactivated vaccine in healthy adults aged 18~59 years: report of the randomized, double-blind, and placebo-controlled phase 2 clinical trial," *medRxiv,* 2020.

5 Shengli Xia, et al. "Effect of an inactivated vaccine against SARS-CoV-2 on safety and immunogenicity outcomes," *JAMA,* 2020.

6 Cheryl Keech, et al. "Phase 1~2 trial of a SARS-CoV-2 recombinant spike protein nanoparticle vaccine," *The New England Journal of Medicine,* 2020.

在接受三种疫苗注射的上千名健康人里，都没有观察到特别严重的副作用。而接种疫苗之后，几乎 100% 的人都能在血液里检测到新冠病毒抗体，而且中和抗体的浓度也相当不错，可以和新冠肺炎康复者血液里的中和抗体浓度相提并论。

正是在这些数据的鼓舞下，三款灭活疫苗都快速进入了三期人体临床试验——这也是最终考验疫苗成色的阶段。和动物实验不同，我们不可能人为地让大批健康人感染新冠病毒（这毕竟是充满危险的操作，不到万不得已没有必要采用），所以无法直接验证这些疫苗是不是真的起到了保护作用，能够让人免遭新冠病毒的感染。因此在三期临床试验中，人们需要给成千上万人接种疫苗，然后观察他们在真实世界里被感染的风险是不是真的被降低了。更具体点说，研究者们可能需要在新冠疫情流行的地区选取几千上万名志愿者，给他们随机分组后，当中的一部分人接种疫苗，而另一部分人则不接种疫苗作为对照组。观察一段时间后，可想而知这其中会有一定比例的人在生活中被新冠病毒感染了。这时候研究者们就可以比较在接种和未接种疫苗的两组人当中，新冠病毒感染率是不是发生了显著的变化，并根据这个数据来计算新冠疫苗的有效性。

目前世界范围内，只有中国研发的这三种新冠疫苗走的是灭活疫苗的开发路线。在我看来，这应该也是成功可能性非常大的一条稳妥路线。灭活疫苗的开发技术已经非常成熟，历经过各种病毒的千锤百炼，而且中国的疫苗开发起步很早，又带了点"饱和式开发"的色彩，一动手就是三个疫苗起步，当然也会大大提高最终的成功率。当然，无论如何，疫苗的最终效果如何，我们还需要继续等待三期临床试验的正式和全面结果。

看起来希望确实不小，但灭活疫苗这条路线其实也有一个问题——产能比较低、价格比较高。这是因为为了制备灭活疫苗，人们需要培养大量的病毒颗粒，毕竟是直接培养有感染力的活病毒，所以只能在高度防护的实验室和车间里进行。这对生产周期、厂房条件、生产成本都造成了不小的压力。我们从新闻上看到，咱们国家已经在积极建设全新的灭活疫苗生产车间，但是建成还需要时间。另外，灭活疫苗是一条比较传统的开发路线，不可知的风险比较小。但因为接种的是失去活性的完整病毒，成分比较复杂，对人体免疫系统的影响需要长期追踪和研究。

有没有什么办法能规避这几个问题呢？也有。

灭活疫苗的制备思路，无非是先生产危险的病毒颗粒，然后灭活，再给人体打几针失去活性的病毒颗粒来训练免疫系统。既然如此，如果利用基因工程的办法，直接生产出本来就没有活性的病毒颗粒，甚至是病毒外壳上的几个蛋白质分子，不也能起到一样的效果吗？这样一来，疫苗生产过程就不会见到任何活病毒，安全性大大提高，产能和价格的瓶颈相对也容易解决了。

对于新冠病毒来说，最具特征性的外观，就是病毒颗粒表面一根根长长的突起。这些突起是由病毒的刺突蛋白构成的。新冠病毒靠它识别和入侵人体细胞，而人体的免疫系统也当然会特别关注这个蛋白。因此如果单独生产这个刺突蛋白，把它当成疫苗注射到人体内，是不是也能起到以假乱真、训练免疫系统的功效呢？

说到这里，不知道你发现没有，从减毒活疫苗到灭活疫苗，再到用单独一个刺突蛋白做疫苗，开发疫苗的难度实际上是在下降的，而周期是在加快的。但是反过来，疫苗的作用当然也可能会依次打个折扣。这倒一点也不奇怪，毕竟这三种疫苗和真病毒的相似程度是依次降低的。减毒活疫苗其实和真病毒差异很小，灭活疫苗就只剩下形似神不似的死病毒了，而用一个刺突蛋白做疫苗，能够模拟的更是只有病毒的一部分外观特征而已。

但不管怎么说，面对新冠疫情，只要理论上成立、技术上可行的疫苗开发路径，都值得尝试。而且，人类也不是没有成功开发过类似的疫苗。现在使用的乙肝疫苗，其实就是用基因工程手段，生产乙肝病毒的表面抗原分子而制作出来的，效果也很好不是？

既然有可能性，具体怎么生产新冠病毒的刺突蛋白呢？

目前人类掌握了几种不同的方法：

一种是把编码刺突蛋白的病毒基因找出来，放在实验室培养的细胞里，让细胞为我们生产刺突蛋白。这种方法目前推进最快的，是美国的 Novavax 公司。这家公司用基因工程的方法在实验室里生产出了新冠病毒的刺突蛋白，并且证明了三个刺突蛋白能够自发形成一个三聚体的结构，很好地模拟了新冠病毒表面一根根尖刺的模样[7]。与此同时，这家公司还开发了一种全新的激发免疫反应的佐剂，名叫 Matrix-M，理论上可能比传统的铝佐剂有更好的效果。这款疫苗也已经通过了早期临床试验的检验[8]，看起来不光安全可靠，激发免疫反应的能力甚至还要大大强于灭活疫苗。目前，这款疫苗也已经进入了三期临床试验阶段。

另一个方法就更简单了，直接把编码刺突蛋白的 DNA 或者 RNA 分子注射到人体内。这些分子进入人体细胞后，就能命令人体细胞源源不断地生产刺突蛋白，然后这些生产出来的刺突蛋白再激发人体的免疫反应。这就是所谓的"核酸疫苗"的概念。它等于是把疫苗生产的工序从实验室和工厂搬到了人体内部，所以可能是最省事儿的疫苗开发路线了。而且这条技术路线理论上可能比灭活疫苗还能更好地激发人体的免疫系统。因为注射疫苗后一部分人体细胞会开始主动生产新冠病毒的刺突蛋白分子，那它除了体液免疫之外，还应该能够激发人体的细胞免疫反应。

不过我得强调一下，这条技术路线听起来固然非常高科技，但也是未知数最大的。道理不难理解：把 DNA 或者 RNA 直接注射到人体内，这个操作很简单，但怎么保证有足够量的核酸

7　Sandhya Bangaru, et al. "Structural analysis of full-length SARS-CoV-2 spike protein from an advanced vaccine candidate," *BioRxiv*, 2020.

8　Cheryl Keech, et al. "Phase 1-2 trial of a SARS-CoV-2 recombinant spike protein nanoparticle vaccine," *The New England Journal of Medicine*, 2020.

分子进入人体细胞？怎么保证人体细胞乖乖听话生产刺突蛋白？怎么保证生产出来的刺突蛋白能够顺利进入血液，激发免疫反应？怎么保证人体的免疫功能能够被充分激发？怎么保证被激活的免疫细胞能够正确地识别和防御真病毒……这里面有太多的未知因素了。

从新冠疫情开始的时间点看，人类还没有成功将任何一个核酸疫苗推向市场。这方面的领军企业——美国的 Moderna 公司，也不过是把一个巨细胞病毒的核酸疫苗推进到人体二期临床试验而已。

但是无论如何，危机之下，大家都迸发出了无穷的干劲和创造力。到 2020 年底，两款进度领先的 RNA 疫苗，分别来自 Moderna 公司和德国的 BioNTech 公司（这家公司和美国辉瑞公司以及中国的复星医药已经达成了合作协议），已经分别结束了三期临床阶段。后面还有不少 RNA 疫苗和 DNA 疫苗也已经在跃跃欲试了。

从人体试验结果来看，这两款 RNA 疫苗都能诱导不错的中和抗体反应。副作用虽然仍然在可控范围内，但相比上面的几种疫苗副作用更加频繁和严重一些[9,10]。2020 年 11 月中旬，两款疫苗分别宣称三期临床试验取得了非常好的效果，可能会在

---

9 Lisa A. Jackson, et al. "An mRNA vaccine against SARS-CoV-2 — preliminary report," *The New England Journal of Medicine*, 2020.

10 Edward E. Walsh, et al. "RNA-based COVID-19 vaccine BNT162b2 selected for a pivotal efficacy study," *medRxiv*, 2020.

如何理解一种全新疾病

2020 年内就申请进入大规模应用阶段[11]。但作为一类全新的、尚未得到大规模推广的技术路线，我们对核酸疫苗的检验肯定相应地也会更加严格和谨慎。实际上，直到本书定稿的 2020 年 12 月底，核酸疫苗仍然有很多技术细节需要被我们研究。比如说这两款核酸疫苗到底在多大程度上阻止了新冠病毒感染，还是仅仅降低了被感染者的疾病症状，就是一个还没有被完全搞清楚的问题。

除了传统的灭活疫苗路线和全新的核酸疫苗路线，还有另一个办法在这次新冠疫情中被广泛采用，这就是所谓的"病毒载体疫苗"。这个话题也值得我们好好分析一下。

这种疫苗的技术路线稍微复杂一点。简单来说，就是用一种比较安全的、不太会引起疾病的病毒作为载体，把编码刺突蛋白的 DNA 分子放在病毒里面，然后注射到人体。进入人体之后，这种载体病毒可以照常入侵人体细胞，相应地，就会把编码刺突蛋白的 DNA 分子也带入人体细胞，从而指挥人体细胞生产新冠刺突蛋白。

从逻辑上说，病毒载体疫苗和 DNA 疫苗、RNA 疫苗本质上是一回事，都是让人体细胞完成疫苗生产工序。但是，相比未知因素很多的 DNA 和 RNA 疫苗，人类对病毒载体疫苗的研究历史要长得多，也确实取得过一些成功。比如在 2019 年，默克公司开发的一款埃博拉病毒疫苗获得批准上市。它就是一款

---

11 https://www.washingtonpost.com/health/2020/11/17/covid-vaccines-what-you-need-to-know/?arc404=true

病毒载体疫苗，用水疱性口炎病毒作为载体，将埃博拉病毒的一个基因送入人体细胞，激发人体的免疫反应[12]。

在过去的这一年里，四款针对新冠肺炎的病毒载体疫苗也进入了人体临床试验阶段，甚至已经获得正式的上市批准。中国康希诺公司和军事医学科学院团队开发了一款基于人腺病毒的疫苗，美国强生公司和贝斯以色列医疗中心也开发了一款基于人腺病毒的疫苗（但使用的腺病毒和上述中国疫苗不同），英国阿斯利康公司和牛津大学开发了一款基于黑猩猩腺病毒的疫苗，另外一家俄罗斯机构（加马利亚流行病学和微生物学研究中心）也开发了一款基于人腺病毒的疫苗（这款疫苗同时采用了上述中国和英国团队使用的两种腺病毒）。

这些疫苗的设计思想很接近，都是使用腺病毒作为载体，都是试图将编码新冠刺突蛋白的基因送入人体细胞并激发免疫反应。因此，我们可以把它们放在一起讨论。

2020 年 5 月 22 日，康希诺在《柳叶刀》杂志发布了疫苗早期临床试验的结果[13]。随后另外三家也陆续公布了结果（强生[14]，

---

12 https://www.fda.gov/news-events/press-announcements/first-fda-approved-vaccine-prevention-ebola-virus-disease-marking-critical-milestone-public-health

13 Feng-Cai Zhu, et al. "Safety, tolerability, and immunogenicity of a recombinant adenovirus type-5 vectored COVID-19 vaccine: a dose-escalation, open-label, non-randomised, first-in-human trial," *The Lancet*, 2020.

14 Jerry Sadoff, et al. "Safety and immunogenicity of the Ad26.COV2.S COVID-19 vaccine candidate: interim results of a phase 1/2a, double-blind, randomized, placebo-controlled trial," *medRxiv*, 2020.

阿斯利康[15]，加马利亚[16]）。和上面几款疫苗类似，这几款病毒载体疫苗也都能够体现出对人体免疫系统的激发效果。

但是针对病毒载体疫苗来说，有一些特殊的问题需要我们格外关注。

首先就是安全性问题。康希诺疫苗的副作用看起来还是相当显著的，有 70%~80% 的人都出现了副作用，其中接近一半的人会出现发热、全身疲劳、头痛的症状。对于大规模使用的疫苗来说，这个比例可能太高了一点。强生和阿斯利康的疫苗纸面上安全性数据似乎不错，但是特别值得担忧的是，这两款疫苗在三期临床试验中都出现过非常严重的副作用案例，导致了临床试验不得不按下暂停按钮，这是新冠灭活疫苗和核酸疫苗都没有发生过的[17,18]。尽管看起来严重副作用出现的案例还非常非常少，是不是和疫苗直接相关其实也还没有完全搞清楚，但是这种问题的出现还是非常需要关注。毕竟新冠疫苗未来可能会给全世界数以十亿计的人使用，哪怕是万分之一的危险，都

15 Pedro M Folegatti, et al. "Safety and immunogenicity of the ChAdOx1 nCoV-19 vaccine against SARS-CoV-2: a preliminary report of a phase 1/2, single-blind, randomised controlled trial," *The Lancet,* 2020.

16 Denis Y Logunov, et al. "Safety and immunogenicity of an rAd26 and rAd5 vector-based heterologous prime-boost COVID-19 vaccine in two formulations: two open, non-randomised phase 1/2 studies from Russia," *The Lancet,* 2020.

17 https://www.jnj.com/our-company/johnson-johnson-temporarily-pauses-all-dosing-in-our-janssen-covid-19-vaccine-candidate-clinical-trials;

18 https://www.astrazeneca.com/content/astraz/media-centre/press-releases/2020/statement-on-astrazeneca-oxford-sars-cov-2-vaccine-azd1222-covid-19-vaccine-trials-temporary-pause.html

意味着几万条生命的代价。至于俄罗斯加马利亚那款疫苗，更是被科学界集体质疑可能存在数据造假的问题[19]。

而除了安全性之外，腺病毒载体疫苗还有一个挺大的固有缺陷。

腺病毒是一种人类世界的常见病毒，很多秋冬季节的呼吸道感染都是腺病毒引起的。换句话说，很多人其实已经自带对腺病毒的免疫记忆了。给他们注射腺病毒载体疫苗，人体的免疫机制首先会被动员起来消灭腺病毒载体。这样一来，疫苗的保护作用就会大打折扣。通俗地说，腺病毒载体疫苗其实相当于一下子给人体免疫系统输入了两个值得警惕的对象，一个是腺病毒载体本身，另一个才是它所携带的新冠病毒的基因，一不留神就可能把人体免疫系统的火力给带偏了。

这一点在病毒载体疫苗的论文中也有所体现。我们看到，在那些已经有腺病毒抗体的人体内，注射疫苗会大大激发出针对腺病毒，而不是新冠病毒的免疫反应。相应地，他们对新冠病毒的免疫反应就会减弱。这样一来，这支疫苗的应用价值，可能就需要画上一个大大的问号了。更麻烦的是，年纪越大的人可能被腺病毒感染过的概率越高，因此疫苗的效果可能会更弱；而这群人也同时是最会被新冠病毒"欺负"、最需要疫苗保护的一群人，这样一来病毒载体疫苗的未来前景就更需要打个问号了。

---

19 Alison Abbott, "Researchers highlight 'questionable' data in Russian coronavirus vaccine trial results," *Nature*, 2020.

说了这么多，你可能会问，这些进展到底该如何判断，我们什么时候才能用上新冠疫苗呢？

对于这个问题，我也有几个想法和你分享。

首先，我们必须接受这样一个事实——疫苗开发是一个研发周期和资金投入都非常苛刻的事业。传统疫苗开发动辄需要几十年，而且失败率还高于药物开发。针对艾滋病病毒，人类已经进行了几十年的疫苗研发工作，至今未获胜果。我认为，从这个角度上说，我们也不应该对新冠疫苗开发抱有不切实际的狂热期待。

但与此同时，我们也确实能够看到，全世界对新冠疫苗的重视程度和资源投入确实前所未有。历史上所有被尝试过的疫苗研发路线都被拿了出来。截至目前，已经有上百家研发机构投入到新冠疫苗的研究工作中。在如此集中的投入之下，新冠疫苗的推进速度确实是史无前例的——1月初锁定病原体，3月就已经有疫苗进入人体临床试验，5月有接近10种疫苗已经推进到了人体临床试验阶段，截至2020年12月，进入三期人体临床试验的疫苗也已经有10种之多。

特别值得一提的是，中国的疫苗研发一直走在世界最前列，而且基本穷尽了所有可能的开发路径，做到了真正的"饱和式救援"。这本身就是国家基础科学和临床研究实力巨大进步的体现，也是国家力量的最好展示。当然，作为生物医药领域的后发国家，中国在疫苗新技术方面还有很多需要学习的地方。比如核酸疫苗这条技术路线，尽管仍然有很多未知因素，但也具备包括产量大，品控容易，能更好应对病毒变异等革命性优势。我们也不应该放弃对这条路线的探索。

但话又说回来了，即便如此，疫苗研发真正的难关和硬骨头可能还在前方等待着我们。海量的资源投入和新技术应用，固然能够把疫苗早期开发的节奏加快，但是证明疫苗有效性和安全性的唯一方法，仍然还是大规模的人体临床试验。不管人们再焦急，不管新冠病毒的威胁再大，也不管某种技术路线理论上有多先进，都只有大规模人体临床试验的结果才能判定疫苗的生死。

在这个意义上说，推出一款疫苗的门槛，要比推出一款新药高得多。

和只有少数人使用的药物不同，疫苗的使用规模可能会达到几亿人、几十亿人。这样一来，我们对疫苗安全性的要求自然而然就会变得更加苛刻。

作为对比，检验一款药物是不是有效，只需要找几百个符合条件的患者进行测试。但疫苗是用在健康人身上，保护健康人免受病毒感染的。因此，想要测试疫苗的效果，只能招募大量的健康人，接种疫苗后观察他们在真实世界的感染率，计算疫苗是否提供了保护作用。这往往意味着，可能需要数千人甚至数万人的样本才能获得统计学意义上有价值的判断，而且还必须在疾病流行的地区才能做研究。如果在新冠疫苗研发完成前，新冠病毒的大流行就告一段落，想要测试疫苗的有效性就更加困难了。

最后，即便疫苗研发成功，在疫苗大规模推广的最后一公里，还有大量的现实问题需要解决。而这些问题，往往会被人忽略。

比如说，疫苗的产能是不是足够？刚才讨论过，尽管灭活疫苗的开发进度可以比较快，但是产能却可能出现巨大瓶颈。

再比如说，疫苗的保护时间有多长？相比能够实现终身免疫的减毒活疫苗，其他类型的疫苗能够提供的保护时间往往长短不一。如果接种疫苗只能提供几个月或者一两年的保护，那么对疫苗的需求将长期存在，甚至可能成为相当沉重的公共卫生负担。

还有，在传播过程中，新冠病毒始终在不断发生基因变异，尽管变异速度不快，但考虑到全球感染人数，光统计到的就已经高达数千万人，可以说，新冠病毒在传播中有着非常大的发生变异的机会。这种持续的突变会不会很快让疫苗失效？如果果真如此，我们有没有办法持续追踪和开发出有针对性的疫苗？

考虑到所有这些因素，我希望你能用一种更加理性的态度看待层出不穷的疫苗研发新闻。

这些新闻当然代表着无数专业人士夜以继日的努力，也代表着战胜新冠病毒的希望。但是我认为，这些进展本身距离一款真正有用的疫苗，仍然需要更多的付出和奋斗，需要人类的团结和理性，甚至还需要一点好运气。

第五章　　溯源：新冠病毒到底从何而来？

在新冠疫情仍旧肆虐的当下，人们的关注焦点当然主要是防控措施、药物治疗和疫苗开发。但是面向未来，人类终究必须回答这样一个问题：新冠病毒到底从何而来？这个问题的答案能够帮助我们更好地理解病毒的演化历程，并且为未来可能的新病毒暴发做好准备。毕竟从21世纪初至今，已经有好几种新病毒侵入人类世界并且造成了巨大损失。这当中包括2002—2003年流行的SARS病毒，2012年开始流行的MERS病毒，2013年暴发的H7N9禽流感病毒，2007年和2015年两次暴发的塞卡病毒，2019年开始出现的新冠病毒，等等。可以想象的是，新病毒入侵人类世界在未来仍旧无可避免。

而搞清楚这些病毒的来龙去脉，我们才能真正做到未雨绸缪。

新冠病毒的起源问题，其实可以分解成三个问题：第一，它到底是从哪种病毒演化而来，天然的动物宿主是什么；第二，它最早是在何时何地进入人类世界；第三，它在人类世界当中又是如何广泛流行开来的？我们分别来讨论一下这三个问题。

先说新冠病毒的天然起源。

有一点判断应该是争议不大的。在2019年底之前，新冠病毒在人类世界当中大概率是不存在的。这首先是一个基于逻辑的判断：这样一种传播力强、致死率也不低的病毒，如果之前就有，那么早就应该暴发大流行了，不可能悄无声息的长期存在。与此同时，这个判断也得到了科学证据的支持。最直接的证据就是在新冠病毒大流行之前采集的大量人体血液样本里，没有检测到新冠病毒的抗体[1]。当然，在 2019 年底，在新冠疫情暴发之前，新冠病毒是不是已经在人类世界小范围传播，这个可能性当然是存在的，也值得严肃地探索。这个问题我们后面还会展开讨论。

那么既然如此，新冠病毒就只能是近期从动物界传播而来。那问题就变成了：在它进入人体之前，它的天然动物宿主是谁?

在新冠病毒被成功分离之后，人们很快意识到这种病毒目前已知最近的亲戚，很可能是一种蝙蝠体内存在的病毒。更具体的猜测，是科学家们 2013 年就从云南的一窝蝙蝠体内找到的一种代号叫作 RaTG13 的蝙蝠冠状病毒[2]。两者之间基因序列的相似程度超过了 96%。

如此之高的相似程度，再加上 SARS/MERS 病毒研究的历史经验（这两种病毒的天然宿主都是蝙蝠），我们就得出了蝙蝠应该也是新冠病毒的天然宿主的结论。

当然，这里要先小小的留下一个伏笔，蝙蝠大概率是新冠

---

1 Daniel F. Gudbjartsson, et al. "Humoral immune response to SARS-CoV-2 in Iceland," *The New England Journal of Medicine*, 2020.

2 Peng Zhou, et al. "A pneumonia outbreak associated with a new coronavirus of probable bat origin," *Nature*, 2020.

病毒的天然宿主，不意味着新冠病毒就是从 RaTG13 病毒演化而来的，这里头有点微妙的差别你可以先自行体会，我们接下来再揭晓其中的奥秘。

但是，光找到天然宿主还远不足以解释新冠病毒是如何进入人类世界的。RaTG13 和新冠之间 4% 的序列差异，意味着这种蝙蝠病毒不可能直接入侵人体（所以指责吃蝙蝠导致了新冠病毒传播，或者打算消灭野外蝙蝠保平安的说法是没有任何道理的）。同样地，根据 SARS/MERS 研究的历史经验，我们猜测在蝙蝠的 RaTG13 和人的新冠之间，还应该有个中间步骤，或者说中间宿主。

简单来说，人们推测真实发生的场景可能是这样的：某种蝙蝠体内的冠状病毒，借由某个机缘从蝙蝠传播进入另一种哺乳动物体内，在这种动物体内持续地复制繁殖、基因突变、筛选和进化，最终在某一天具备了感染人体细胞、入侵人类世界的能力，这才开启了这一场新冠病毒大流行。根据有些科学家的推测，这个过程可能需要数十年时间才能完成[3]。

可想而知，找到这种假想的中间宿主才能有效地帮助我们理解和掐断新冠病毒的直接源头，也能够帮我们更好地预测和应对未来的新病毒传播。SARS 的成功经验就是，当我们找到果子狸这种中间宿主之后，迅速打击果子狸饲养和贩卖的产业链，SARS 从此就在人间销声匿迹。而 MERS 病毒的中间宿主是骆

---

3 Jon Cohen, "Mining coronavirus genomes for clues to the outbreak's origins," *Science*, 2020.

驼——可想而知这是一种根本无法被彻底消灭的动物，所以MERS 在 2012 年暴发后，仍然时不时地会侵犯人类世界。

那这种中间宿主可能是啥呢？

不得不说，寻找中间宿主的工作还是挺依赖运气的。比如说人们之所以能够确定果子狸是 SARS 病毒的中间宿主，是因为在 SARS 流行初期，人们就意识到不少患者都和野生动物有关，要么是野生动物运输和贩卖的人员，要么是餐厅里接触过一些野生动物的厨师和服务员。根据这个线索，研究者们在广东的野生动物市场上进行了广泛的筛查，找到了几只果子狸，发现它们身体里有一种和 SARS 病毒极其类似（99.8%）的病毒。顺藤摸瓜，他们也发现接近果子狸的人群，他们血液里广泛存在 SARS 抗体，这样就彻底锁定了果子狸的中间宿主身份[4]。根据这些研究，中国迅速取缔了果子狸的饲养和贩卖活动，SARS 也从此在人类世界销声匿迹。

在咱们中国，新冠肺炎最初被发现的地点是武汉，不少患者也同样和一个野生动物聚集地——华南海鲜市场有关。那是不是也能从中找到新冠病毒的中间宿主呢？但遗憾的是，华南海鲜市场早在 2020 年 1 月初就已经关闭清理，里面的动物也被彻底消杀。这本身当然是非常及时和应该的清理措施，但这给找到中间宿主增加了相当大的难度。

这也许意味着我们需要放长线织大网，从更多的野生动物

---

4 Yi Guan, et al. "Isolation and characterization of viruses related to the SARS coronavirus from animals in southern China," *Science*, 2020.

中寻找新冠病毒的踪迹。

比如说一个被广泛怀疑过的对象是穿山甲。我们来说道说道它的故事。这个故事很可能是个乌龙，但是也有它独特的借鉴意义。

早在 2019 年 3 月，广东、广西海关在一次联合缉私中查获了 100 多只来自越南的走私马来穿山甲（马来穿山甲是这种穿山甲的物种名）。这批穿山甲当时的状况已经非常不好，很多已经死亡，有不少还得了肺炎。中国科学家提取了样本进行了大规模基因测序，从中发现了一些全新的病毒基因片段并且上传到了网上病毒数据库中。

请注意，其实在野生动物身上发现一些新病毒本身没什么太了不起的——特别考虑到人类目前对病毒世界的理解极其有限，已知病毒物种可能都不到全部病毒物种的万分之一——这个发现在当时也就没有引起多大的关注。

但是在新冠疫情暴发之后，不少科学家回忆起了穿山甲这档子事情，并且进行了更精细的分析，特别是专门去找和人新冠病毒接近的，从中还真的就找到几个和人新冠病毒相似度挺高的穿山甲冠状病毒。

就这样，"穿山甲是新冠病毒的中间宿主"的说法就流行起来了。

但是等到科学家们分别发布了分析数据 [5]，大家才开始觉得

5 Tommy Tsan-Yuk Lam, et al. "Identifying SARS-CoV-2-related coronaviruses in Malayan pangolins," Nature, 2020, Kangpeng Xiao, et al. "Isolation of SARS-CoV-2-related coronavirus from Malayan pangolins," *Nature*, 2020.

也许不是那么回事。特别是考虑到穿山甲冠状病毒和新冠病毒的整体基因组序列相似性只有 90% 左右，远低于蝙蝠病毒 96% 的水平。既然我们认为蝙蝠 RaTG13 病毒都不可能是新冠病毒的直接祖先，那就更不要说是穿山甲体内的这些病毒了。后来人们也确实发现，穿山甲体内的冠状病毒，和人体 ACE2 蛋白质的亲和力很低，看起来根本就不可能入侵人体细胞[6]。

另外，这个判断还有一个旁证。那批带毒的穿山甲去年就出现在了中国南方，而且当时已经出现了肺炎的症状，还和很多海关工作人员和科研人员密切接触过，但是当时两广地区并没有暴发疫情。

说到这，穿山甲的嫌疑其实已经被排除——所以我说这个故事有点乌龙。但是它可不是没有借鉴意义的。

这些新发现的穿山甲冠状病毒确实有一些有趣的特点。尽管整体上其实并不那么像人的新冠病毒，但偏偏有一段特殊区域（刺突蛋白的受体结合区域）的相似程度很高——这段序列的蛋白质相似度高达 97%，甚至某几个特定的、可能对受体结合至关重要的氨基酸位点，是完全一样的。

这个信息为什么重要呢？我们知道，冠状病毒想要识别宿主细胞并且入侵它，靠的是病毒表面一根根突起的尖刺（这也是冠状病毒这个名称的由来）。这个尖刺是病毒专门生产的一个蛋白质分子，被恰如其分地命名为"刺突蛋白"。尖刺朝外、类

---

6 Joana Damas, et al. "Broad host range of SARS-CoV-2 predicted by comparative and structural analysis of ACE2 in vertebrates," *PNAS*, 2020.

似于大头针针帽形状的一小段所谓"受体结合区域"，能够专门结合宿主细胞表面的 ACE2 蛋白质，让病毒能够锚定这些细胞然后入侵之。那么可想而知，刺突蛋白的特性，特别是刺突蛋白上的受体结合区域的特性，决定了一种冠状病毒到底能够入侵什么细胞、什么动物。

这么看的话，这些穿山甲冠状病毒固然不是新冠的直接源头，但是它们的发现，提示了一个相当可怕的问题：在自然界中，应该有大量我们尚未发现和了解的病毒，它们隐藏在蝙蝠和穿山甲这样的动物体内，不侵犯人类，和我们相安无事。但是考虑到它们的生物学特征，特别是宿主细胞识别能力，它们完全有可能在几年、几十年的时间里——这在人类历史上只是一瞬间而已——演化出入侵人类世界的能力，在人类世界搅起血雨腥风。

考虑到病毒物种数量的庞大（有人甚至估计未知病毒数量高达数千万种甚至更多），考虑到在自然界它们有几乎难以穷尽的藏身空间，考虑到病毒演化的超高效率，我们甚至可以说，人类习以为常的静好岁月其实是一种奢侈，有太多的病毒准备好了突袭。

想要真正理解这种危险，对此做好准备，我们一定需要理解在野生动物体内那个庞大病毒世界的演化规律。研究蝙蝠、穿山甲，正是为了做这种准备。其实我们不妨回头想一下，如果我们早些年就能搞清楚蝙蝠和穿山甲冠状病毒的生物学特性，我们是不是就会对这次新冠疫情有更充分的心理、物资，乃至治疗手段的准备？

与此同时，我们也需要竭尽所能让我们远离这种危险。我说的当然不是把野生动物赶尽杀绝（这会导致更大的生态灾难），而是要小心翼翼地保护它们的天然栖息地，阻止人类对它们的围猎和贩卖，让野生动物体内的病毒接近不了人类，从而切断其开始快速演化的进程。

从这个角度说，彻底搞清新冠病毒的天然宿主和中间宿主，理解它在物种之间传播和变化的脉络，不管对于防控新冠疫情，还是对于保证人类世界的长久安全，都是很关键的。

接下来我们再说起源的另一个问题：新冠病毒最早是在何时何地进入人类世界的？

一直以来，很多人的认知是，这种病毒的源头就在武汉，甚至就在华南海鲜市场。

但是我得说，这个认知其实至今仍然缺乏严格的科学证明，仍然是一个需要严肃对待的未解问题。换句话说，新冠肺炎在人类世界传播的真正源头，至今仍然模糊不清。就像钟南山先生在一次新闻发布会上说："疫情首先出现在中国，但不一定发源在中国。"这句话在科学上是毫无问题的。而且你还得注意，即便是在 2019 年 12 月，也已经出现了和华南海鲜市场没有明确接触史的患者。实际上，目前有据可查的第一个发病的新冠肺炎患者，就没有去过那个市场[7]。这就让病毒的最初传播源变

7　Chaolin Huang, et al. "Clinical features of patients infected with 2019 novel coronavirus in Wuhan, China," *The Lancet*, 2020.

得更加扑朔迷离了。

还有一个间接的证据是，根据新冠病毒的基因组测序结果，这种病毒在过去一年并没有发生高频率的基因变异，更没有明确的进化方向。这一点和2003年的SARS病毒截然不同，SARS病毒在传播过程中一直在发生高强度的变异。这说明了什么呢？通俗的理解就是，新冠病毒刚进入人体，就已经进化得很适应人体，不需要再进化了。

我们知道，新冠病毒是一种来自动物的病毒，在进入人体之前并没有未卜先知的能力去适应人体。所以，可能的解释只有两个——要么这个病毒在第一次进入人类世界的时候，就恰好具备了比较完备的各种特性；要么就说明，它的前身，可能在此之前，就已经进入人类世界默默传播了一阵子，逐渐进化出了适应人体的特性，然后进化到新冠病毒"最终完全体"，这才在武汉暴发。

在流行病学研究上，人们当然总是希望搞清楚一种人际传染病最早是从哪个人开始的，这个人被定义为"原发病例"（primary case）。对于这次新冠疫情来说，因为它是一种全新的人际传染病，那么原发病例指的就是人类世界里第一个患病并且将疾病传染给其他人的这么一位患者。

原发病例还有一个更流行的名字——"零号病人"。这个称呼更多的带有点流行文化的色彩。其实它的来历就挺扯的：20世纪80年代美国科学家在研究艾滋病的流行病学规律的时候，认为一位男同空乘应该是把这种疾病带入美国的"原发病例"，还给这个人起了个代号叫"Patient O"（O 号病人，大写字母 O）。结果在随后的传播中很多人（包括研究者自己）把字母 O 看成了数字 0，所以"零号病人"这个词就这么流行起来，甚至还成了电影和畅销书的标题。而且更扯的是，近年来的研究提示，这个患者应该不是美国第一个艾滋病患者，在他之前艾滋病已经有些小规模传播，只是没有被人关注而已！

从艾滋病"零号病人"的故事你应该能感觉到，对于任何一种新发疾病来说，找到原发病例都是件不容易而且很容易出错的事情。

那新冠肺炎的原发病例能找到吗？

目前还没有看到曙光。但是，有一项研究却提示了一个必须正视的可能性[8]。

在 2020 年 4 月，荷兰的两个养殖水貂的农场里出现了新冠疫情，此后世界各地更多的水貂养殖场也暴发了新冠疫情，大量水貂因此而死亡。水貂这类动物因为皮毛柔软美观，在世界各地都被作为一种有巨大经济价值的动物广泛养殖。因此如果水貂也能被新冠病毒感染，那它可能会成为巨大的潜在感染源而持续将病毒传播到人类世界里，甚至说不定这次全球新冠疫情暴发就是从某个地方的水貂养殖场开始的。

因此研究者们利用这个机会，仔细研究了荷兰水貂农场中新冠疫情暴发的源头。他们首先发现，不同的水貂农场之间，

---

8 Bas B. Oude Munnink, et al. "Jumping back and forth: anthropozoonotic and zoonotic transmission of SARS-CoV-2 on mink farms," *bioRix*, 2020.

新冠病毒的序列存在或大或小的差异，能从中看到新冠病毒在不同农场之间扩散、传播和变异的痕迹。这就说明庞大的水貂群体给新冠病毒提供了巨大的生存和变异空间。

更重要的是，暴发新冠疫情的水貂农场中，水貂饲养人员也暴发了广泛的新冠病毒感染，被感染比例远高于荷兰当地的数字。更重要的是，至少在某几个农场里，人们能够明确，水貂的感染在先，人类感染发生在后，而两者体内的新冠病毒基因序列几乎一致。这就说明，这些人类大概率是被水貂感染患病的。这样一来，水貂果真就是一个能够容纳新冠病毒繁殖变异，也能将病毒输送给人类世界的载体。

那既然如此，这次全球新冠疫情的源头，我们追寻中的"零号病人"，是不是某个地方某个水貂饲养场里，一个被水貂感染的饲养员呢？

当然，我得再次强调一下，寻找"零号病人"从来都是一件非常困难的事情。它最好在疾病出现的极早期、患者人数非常少的时候完成；它需要流行病学家去识别最早被正式报告的那些病例，然后仔细分析他们接触过谁、做过什么、去过哪里，又可能是从哪里获得这种全新疾病的。对于像 SARS、MERS、埃博拉、艾滋病这些动物源头的疾病，一般要追溯到病毒从动物进入人体的这个时刻才能算是尘埃落定。可想而知，这项工作极大地依赖于流行病学家们对每一位早期案例的访谈和活动轨迹的追踪，工作量很大，但是数据源头却不一定很可靠。毕竟让每位被采访的患者回忆自己发病前准确的行踪理论上就很难做到，更不要说可能还有故意隐瞒和误导的可能。

就这次新冠疫情而言，我对于找到所谓的"零号病人"是比较悲观的。原因在于这种疾病的特性：症状总体较轻，存在大量的轻症患者——这些人的症状和秋冬季流行的呼吸道其他疾病很难区分，他们不一定会去就医，而就算是就医了医生们也很难识别分辨；传播途径比较隐匿——潜伏期就有传播能力，还存在相当大比例的无症状传播者。这就让寻根溯源的工作变得非常困难。其实甚至是 SARS 和埃博拉这种病情往往非常危重的传染病，我们至今也无法百分之百地确认所谓"零号病人"或者说原发病例到底是谁——因为不管你找到谁，都可以继续追问一个问题"他 / 她会不会还有上家?"

好了，说了这么多你会发现，新冠病毒至今我们仍不清楚它的中间宿主和进化链条，也无法确定它究竟是何时何地第一次进入人类世界的。那第三个问题——它在人类世界当中的传播路径——能得到一些线索吗?

说起这个问题，我们倒是有一个天然的抓手，那就是这次疫情在中国的集中暴发地点：武汉。

刚才我们已经说过，至今我们还无法明确新冠病毒的真正源头。但至少有一个问题是清楚的，那就是在 2019 年底的武汉有一次集中暴发。因此对武汉早期的新冠肺炎患者进行研究，应该能帮助我们理解这种疾病的传播规律。一个好用的办法是，利用病毒基因序列变异和进化的规律，通过分析目前存在的病毒样本，去做按图索骥的工作。

这类研究的逻辑本身很简单。我打一个通俗的比方。比如，我们从三个患者身上分离出了新冠病毒，通过检测病毒的基因序列，发现患者 1 身上的病毒有基因突变 X，患者 2 身上的病毒有基因突变 X 和 Y，患者 3 身上的病毒有三个基因突变——XYZ。那么，一个最简单的推测就是，病毒的传播应该是患者 1 早于患者 2、患者 2 早于患者 3，并且它们在这个过程中逐渐积累了更多的基因突变。

这个时候，如果你又找到了第四个患者，他身上的病毒没有 XYZ 的突变，但是有突变 W，那你也可以推断，这个患者身体里的病毒，大概和患者 1、2、3 的关系更远一些，可能不是一个家族的。

实际上，这并不是一种全新的方法。进化生物学家们一直在用类似的办法分析地球生物彼此的关系。2004 年，中国科学家们也用类似的方法绘制了 SARS 冠状病毒的传播和进化路线，取得了很大的成功。

按照同样的逻辑，如果我们对世界范围内流行的新冠病毒基因序列进行测序分析，按照基因突变的相似程度和先后顺序对它们进行分类和排序，也许就能大致描绘出它在人类世界的传播链条，以及最早的来源。在一年时间内，世界各地的科学家以史无前例的速度，提交了超过 15 万份新冠病毒测序结果[9]。这些数据也确实帮助我们更好地掌握病毒的传播规律。比如说，

---

9 https://www.gisaid.org/

现在我们可以很明确地判断，3月初在美国东部大暴发的新冠病毒株主要是从欧洲传入，这个和流行病学的分析也一致[10]。

接下来就是更核心的问题：在中国，新冠病毒第一次暴发地武汉，我们能不能用类似的方法，找到病毒的传播规律？

我们用一篇发表在《美国科学院院报》上的论文来具体讨论一下这个研究方法[11]。

在这篇论文里，科学家们分析了从世界各地的患者身上分别提取的160个新冠病毒的基因组序列，并根据这些基因序列的差异大小，把它们分成了A、B、C三组。然后利用咱们刚才讨论的逻辑，以及新冠病毒起源于蝙蝠RaTG13病毒的假设，猜测了不同组别之间的传播顺序，结论大致是A—B—C这个顺序，也就是说A组病毒和蝙蝠病毒更接近，因此可能是最初起源，B组和C组则是在A组的基础上变异的结果。

而在这个进化和传播链条上，研究者们发现，武汉地区采集的病毒主要属于B组，而A组和C组的病毒样本则分别多见于美国和欧洲。

消息一出，很多人立刻把这项研究成果理解成了"新冠病毒起源于美国"。果真如此吗？

不是。这项研究本身也无法对新冠病毒的起源给出一个确

---

10 Ana S. Gonzalez-Reiche, et al. "Introductions and early spread of SARS-CoV-2 in the New York City area," *Science*, 2020.

11 Peter Forster, et al. "Phylogenetic network analysis of SARS-CoV-2 genomes," *PNAS*, 2020.

切的答案。

这里头有几个原因：

首先你肯定能想到，相比全世界数以千万计的患者，区区一百多条病毒基因组序列的代表性其实是很成问题的。特别是我们可以想到，在病毒暴发的源头，病毒的多样性很可能是最高的，在传播过程中反而可能会逐渐"聚焦"。打个比方，一百个幼儿园孩子穿上自己喜欢的衣服，一眼望去肯定是五颜六色，但是等孩子们放学回家，从幼儿园门口出来，朝东西南北各个方向走的孩子里，也许就会出现颜色的差异，也许恰好东边的孩子里红衣服更多，南边的孩子里黄衣服更多。要是再继续分散各回各家，那兴许走到一个小区里的孩子就只有一两个，衣服的颜色可能会更单调。病毒的传播也有这样的可能性。因此想要全面掌握任何一个地区的病毒基因序列分布规律，尽可能地多测序、多分析是必不可少的。

这项研究的说服力没有那么强的第二个原因是，利用基因变异的规律分析病毒的传播和进化链条，这个方法成立的前提是，病毒在传播过程中确实发生了大量的基因变异。只有这样，我们才能通过分析这些基因变异寻根溯源。

但是刚才也提到过了，新冠病毒的基因变异速度并不快。在至今被测序上传的病毒序列中固然发现了数百个基因突变位点，但是大量的病毒只携带区区几个基因突变，而且彼此之间的基因突变还不重叠，没有形成特别明确的"热点"。这就给绘制它们的传播和进化链条造成了很大的麻烦。

我还是打个通俗的比方。刚才咱们讲过患者1、患者2和患者3的例子，但如果这三个患者身上病毒的基因突变不是X、XY、XYZ，而是XY、XZ和W，我们就很难判断它们三者的传播顺序了。当然，你可以大概猜测XY和XZ的关系应该大于XY和W的关系，但是谁先出现、谁传给谁，就很难分析了。

还有个更麻烦的问题：分析的基本假设可能就是错的！

我们刚才说过，这项研究首先把病毒分成了A、B、C三组，然后假设蝙蝠RaTG13病毒是人新冠病毒的祖先，来看A、B、C三组当中谁和RaTG13更接近，就定义谁是病毒进化的起点和"根"。这当然是个很自然的假设，但是请注意，我们在开头就提过，这个假设可能是有问题的。因为虽然目前我们发现的蝙蝠病毒当中，确实是RaTG13最接近新冠，但是我们却无法确定它就是新冠的祖先。也许哪一天我们会从蝙蝠里发现更接近新冠的病毒呢？也许最后发现根本不是蝙蝠体内的某个病毒呢？这样的话，研究的基本假设就得改，我们就更无法判断A、B、C到底谁才是最古老、最早出现的病毒了。

说到底，根据基因组序列的变化给病毒分类，进行传播和进化链条的研究，本身当然是重要的研究思路，但是这些研究必须和病毒在真实世界里的表现结合起来，才能说明问题。

说得更广泛一点，基因组信息要结合大量真实世界的信息，才能发挥更大的作用。比如说，我们根据基因组序列的变化把病毒分成几类，如果每一类都正好对应了病毒传播的时间、地域、路线，或者对应了病毒的繁殖速度和毒性的变化，又或者对应了人被感染之后症状的差异，那就可以很放心地说，这种病毒的分类是有生物学现象的支持的，是有道理的。

而要解决这两个问题，唯一的办法就是测出大量病毒的基因序列，用数量进行暴力攻击，然后再结合相对应的患者的发病时间、地域、活动轨迹、疾病情况等开展分析，才能得到更可靠的结论。

关于这一点，中国科学家发表了一篇很重要的论文，为病毒溯源工作做了一个很漂亮的示范。他们的研究对象，是 2020 年 6 月在北京出现的一波疫情小暴发。

2020 年 6 月初，在接近两个月新冠疫情"零新增"之后，北京重新出现了一波新冠疫情的小规模暴发。在短短几天时间内，北京地区共排查发现接近 400 位新冠病毒感染者。一时间大家的心又重新提到了嗓子眼，对新冠病毒这个好像神出鬼没的对手多了一重新的恐惧。

当然，政府对这一波疫情的应对是非常迅速的。在短短 24 小时内，就通过详细周密的流行病学调查，成功把这一波疫情的源头锁定在北京市丰台区新发地农产品批发市场。这个判断的依据是，首先被发现的两位患者都曾经到访过这个市场，而这个市场的环境样本也检测出新冠病毒阳性。在此之后，通过对新发地市场工作人员、到访人员，及其密切接触者的排查，还有北京全市范围内的大规模核酸普测，一共发现 368 位新冠病毒感染者。这个发现进一步验证了新发地市场是这一波北京疫情的发源地。因为这 368 人全部和新发地市场有交集——其中 169 人在这里工作，103 人曾经到访过该市场，另外 96 人是前面这些人的密切接触者。

在这之后，新发地市场接受了全面彻底的封闭和消毒。北京这一波小规模疫情也很快得到了控制。

但其实这一波疫情的具体细节还有很多空白需要填充。最重要的问题是：新发地市场里的新冠病毒又是如何进入市场，感染这么多人的？从逻辑上说，至少有这么几个可能性：病毒可能是被某一位或者几位新冠病毒感染者带入市场，在密闭拥挤的环境中传播给其他人的；病毒可能是被某种环境载体，比如冰冻的进口食品，带入市场，传播给其他人的；病毒也可能是被某种活的动物载体，比如新冠病毒的某种中间宿主，带入市场，并且传播给其他人的。从防控北京这一波疫情的角度看，这三个可能性区别不大，只要密切追踪所有新发地市场的相关人员，切断传播链条就行。但是考虑到新冠疫情防控是一个长期任务，国内此起彼伏的小规模暴发难以避免，那么了解新发地市场里到底发生了什么就非常关键了，它会对之后国内疫情防控提供重要的指导信息。

这道理也很简单：如果是人传人，那以后对人流密集的场所，比如农贸市场，就得有更准确的人员出入情况追踪；如果是物传人，那对相关货物的来源和物流就得有更好的监管；如果是动物传人，那对这种新冠病毒可能的宿主就得严加治理。

2020 年 10 月 23 日，来自北京大学、北京市疾控中心、中国医学科学院等机构的科学家们在学术期刊《国家科学评论》

上发表了一篇论文，正是利用这样的思路，对新发地疫情做了深入的分析。根据这些分析，他们令人信服地证明，新发地疫情的源头，应该是来自欧洲的冷链海鲜[12]。

我们来具体看看他们是怎么做这些分析的。

首先，科学家们发现在新发地市场的员工中，感染率最高的是在新发地综合交易大厅地下一层，也就是牛羊肉大厅工作的员工（20.9%），而且被感染员工的工作地点，集中在牛羊肉大厅里售卖海鲜水产的区域。在这个区域当中，有14个摊位的工作人员被感染，而且环境中也检测出了新冠病毒的核酸。这样就进一步锁定了疫情暴发的源头区域——从整个新发地市场，到新发地市场牛羊肉大厅海鲜区域的14个摊位。

接下来，科学家们利用抗体检测的技术排查了所有曾经到过这14个摊位的3294名顾客，发现其中有5位新冠病毒抗体阳性——也就是说，曾经被新冠病毒感染过。那么我们可以想象，这5个人肯定曾经和新冠病毒源头有接触史。结果发现这五位顾客都去过第14号摊位，而且第14号摊位的摊主也确实被感染了。那么问题就很明显了，新发地疫情暴发的源头，就是这个第14号摊位。

那接下来的问题当然就是这个倒霉的第14号摊位的病毒又是哪里来的，是人传进来的，还是货物传进来的，抑或是动物传进来的。结果调查发现，第14号摊位的所有工作人员都没有

---

12 Xinghuo Pang, et al. "Cold-chain food contamination as the possible origin of Covid-19 resurgence in Beijing," *National Science Review*, 2020.

到过新冠疫情中高风险地区，也没有和来自这些地区的人有过接触。而第 14 号摊位又根本没有售卖活禽活家畜，唯一的商品就是进口冰冻三文鱼。因此，进口冷链就成了这一波疫情最大的嫌疑。

但如何能够证明这一点呢？和我们刚刚讨论的思路类似，科学家们对 110 份患者和环境样本进行了新冠病毒基因组测序，测定了 72 条完整病毒序列。结果发现，所有这些病毒序列都高度相似，特别是有 8 个基因变异在这些序列当中完全相同。这个发现首先就进一步证明了北京这一波疫情有一个单一的源头，所以不同样本中的病毒序列高度一致。

更进一步分析发现，这些病毒的基因序列，和武汉在 2020 年初流行的病毒，和北京在 3 月初流行的病毒，和东北几次小规模输入性疫情中采集的病毒，差异都比较大，亲戚关系很远。相反，却和在欧洲流行的病毒很相似。比如说新发地病毒有 8 个特征性的基因变异位点，而在欧洲检测到很多病毒株携带这 8 个变异位点当中的 7 个。所以根据刚才咱们的推论，北京新发地的病毒，极有可能是欧洲某一个病毒株的后代，并且附着在三文鱼上，顺冷链运输进入北京，开始传播。而更进一步支持这个猜测的是，科学家们还发现，2020 年 5 月 30 日，新发地疫情暴发之前没多久，第 14 号摊位的摊主刚刚从一家公司买入了一批进口的冰冻三文鱼，而这家公司的其他三文鱼货品当中也查出了新冠病毒。

说到这里，科学家们的整个分析链条我就给你介绍完了。

当然你可能觉得并不吃惊，因为在北京这一波疫情之后，国内不少城市在进口冷链食品包装上检测到了新冠病毒的核酸，10月份的青岛疫情小暴发更直接指向了新冠病毒从物传人的路线图。但是我要提醒你的是，证明进口冷链食品上有新冠病毒的核酸，证明冷链食品上携带的新冠病毒能够感染人，和彻底摸清一次疫情的源头和传播链条还不完全是一回事。中国科学家在《国家科学评论》上发表的这项工作，为我们确认疫情源头提供了一个特别好的范本。科学家们通过流行病学调查，患者和环境样本分析，首先将疫情源头锁定在一个具体的摊位；再根据这个摊位具体的情况，将疫情源头进一步明确到来自哪里、是通过什么人或者什么东西、如何来到当地。这套组合拳，应该能帮我们应对之后难免会出现的疫情苗头，帮助我们迅速采取有针对性的措施。

好了，说到这里，我们对新冠病毒起源的梳理就告一段落了。这段旅程可能会让你有点失望。因为到最后，我们仍然无法明确新冠病毒的天然来源和中间宿主，无法明确它在何时何地从什么场合进入人类世界，更无法确认它在人类世界如何引起暴发。

当然，即便存在这些困难，研究疾病的起源和传播规律仍然是一件非常重要的事情，能够帮助我们在未来预防和对抗这种疾病。对新冠而言，这种溯源工作至少包含三个层面的研究：一是研究病毒的进化史，搞清楚它从天然宿主蝙蝠到人类世界的路径，通过什么中间宿主动物，发生了什么基因变异，最后在什么场景下传入人类世界;二是研究它在人类世界当中的进化史,在人际传播的过程中病毒的特性是否发生了明显的定向的变化,有没有出现比如传播能力和毒力的变异;三是研究它的传播规律,从一个地方到另一个地方扩散是怎么实现的,有没有节点性的"超级传播者",有没有因此导致世界各地的疾病特征有重要的差别。

我再强调一次:目前的研究数据确实无法明确病毒的最初起源,未来的研究把它锁定在地球上任何一个地方,我都不会感到特别奇怪。但是如果把病毒溯源的严肃科学研究,搞成了相互指责和推卸责任的工具,对整个人类而言都不是什么好消息。我们需要的是真实可靠的病毒传播路线,而不是一个可以用来批评和甩锅的借口。

而与此同时,武汉地区肯定仍然是最值得深入研究的地方,因为这里发生了新冠肺炎疫情的集中暴发。所以,不管病毒起源于何处,也不管国际政治形势多么扑朔迷离,我们都应该通过大量的病毒基因测序和早期患者的深入追踪调查,从科学上搞清楚它在武汉地区的传播过程中发生了什么变化。这是我们未来理解这种病毒、防控这种病毒的关键所在。

第六章　展望：人类能否彻底
消灭新冠病毒？

聊完了溯源问题，我们来一起分析一下新冠疫情未来的变化趋势。

我想在过去的一年里，每个人可能都在反复询问这样一个问题：人类能彻底消灭新冠病毒吗？我们能回到疫情之前的世界吗？

特别是基于历史经验和生物学上的相似性，很多人会下意识地拿新冠病毒和SARS病毒相比。我们前面的分析里已经提到，论传播能力，新冠病毒和SARS病毒类似；论致病能力，新冠病毒还远不如SARS病毒。而既然更加强大的SARS病毒都能在人类的围剿下彻底销声匿迹，新冠病毒为什么不可以？

我相信在疫情发展早期，很多人就是这样期待的。2002年底，SARS在中国南方暴发，随后扩散到中国更多省区和全世界二十多个国家，造成超过8000人感染，700多人死亡。但是到了2003年中期，SARS疫情得到彻底控制。在那之后，除了偶然的实验室感染事故之外，SARS在人间销声匿迹。很多人期待，遵循同样的轨迹，新冠疫情在2020年中应该也会消失。

但结果我们都看到了：疫情暴发一年后，我们仍然没有看到它任何减缓的痕迹，传播规模和死亡人数早已是SARS疫情的百千倍，全球发病人数和死亡人数仍然在每日刷新。

这是为什么？我们该怎么办？

为了说明这个问题，我们先来一起分析一下，一种传染病能否被有效遏制甚至被消灭，需要什么样的条件。

前面我们已经引入了"基本传染数"也就是 R_0 的概念。R_0 衡量的是在理想传播条件下，一个患者在整个病程期间，平均能够传染的人数。任何一种传染病想要持续扩大患者规模，甚至是大流行，R_0 都必须至少大于 1，也就是说，它能够从一个患者传染给超过一个健康人才行。打个比方，如果一个患者在自己被感染期间，平均只能传染 0.5 个人，那么每过一段时间，等原来的患者痊愈或者死亡，新患者的总数就会减少一半。久而久之，这种传染病自己就会慢慢消失。相反，一个患者能够传染的健康人越多，这个疾病的传播能力就越强，就越有可能成为一个大规模流行病。

但是请注意，相比 R_0 的高低，也就是一种传染病在理想条件下的传播能力，实际传染数 R 这个指标就更有意义。它衡量的是我们人类能采取什么措施，将疾病的流行限制到什么程度。不管一个疾病的 R_0 有多高，也就是它天然的传播能力有多强，只要我们把实际传染数 R 降低到 1 之下，就可以有效消除这种疾病。

那怎么降低实际感染数 R 的数值呢？我们首先来看看，它到底是由什么因素决定的。

简单来说，它由三个相互独立的因素决定：一种疾病的病程长短；患者和其他人的接触频率；以及每次接触过程中传播疾病的概率。一种疾病的病程越长，在这段时间内患者接触的健康人越多，每次接触的时候感染越容易发生，R 当然就越大，这种疾病当然就会更容易流行起来。那如果我们想要限制疾病的流行，就需要考虑如何降低这三个要素。

当然，疾病的感染周期往往是疾病的自身特性，比如流感一般病程就是一周左右，艾滋病的病程就可能长达几年甚至几十年，这个往往不能轻易改变。但是剩下两个要素，也就是接触频率和感染概率，我们就可以作文章了。

防控传染病过程中经常采取的隔离措施（不管是在特定的场所隔离还是居家隔离，是强制隔离还是建议隔离），本质上就是为了减少患者和健康人的接触频率，阻止疾病继续向外扩散。比如说在 2019 年开始的这场新冠肺炎疫情里，对新冠肺炎患者，甚至是所有的呼吸道疾病的患者，采取尽收尽治的措施，甚至还需要通过大规模建设方舱医院提高收治能力，就是为了达到这个目的。

类似地，疾病流行期间往往还会限制人群的大规模流动和公众集会。这些措施看起来针对的是健康人，但其实也是为了降低患者和健康人的接触频率。毕竟某种病原体的感染者，可能在出现症状、就医确诊之前，就已经具备了传播疾病的能力。因此即便看起来都是健康人，在紧急情况下也需要限制他们彼此间接触的频率。在新冠疫情中，我们经历的全国范围的停工停学，甚至是以乡村和社区为单元的封锁措施，都是这个目的。

如何理解一种全新疾病

那如何降低接触过程中的感染概率呢？其实说起来也没那么复杂，比如说对于新冠肺炎来说，病毒主要通过飞沫和接触传播，因此佩戴口罩、科学洗手，打喷嚏和咳嗽的时候掩盖口鼻，都能大大降低在人和人接触中的感染概率。疫苗的作用其实也是降低感染概率，一个群体里被疫苗保护、拥有新冠病毒免疫力的人越多，病毒传播过程中的感染概率当然就越低。我们可以做一个简单的估算，新冠肺炎的 R_0 是 2.5，也就是说平均一个患者会感染 2.5 个健康人。那如果人群当中只要有超过 60% 的人通过接种疫苗获得了免疫力，新冠肺炎的实际传染数 R 就会被遏制到 1（$2.5 \times 40\% = 1$）以下，疫情蔓延就会被控制住。这就是所谓"群体免疫"的真实含义。

根据这些分析你肯定能看到，从理论上说，只要隔离患者、限制人群流动和集会、采取有针对性的保护措施，还有积极开发和推广疫苗，我们肯定可以有效降低 R 的数值，遏制传染病的扩散速度，甚至是消灭疾病流行。这是传染病的基本数学规律告诉我们的。

而反过来说，疾病本身的特性除了能够决定 R_0，也能决定人类的各种防控措施到底在多大程度上能够影响 R，还有疾病的未来走向。

我们还是对比一下 SARS 和新冠肺炎这两种传染病。我们已经知道，它们的 R_0 其实比较接近，那为什么两种疾病的发展趋势截然不同？目前两种疾病都还没有广泛使用行之有效的疫苗，因此疫苗这个因素我们暂且先放下不谈，看看别的影响因素。

在我们对抗 SARS 的经验中，高效和全面地隔离患者及其密切接触者，切断疾病继续传播的路径，静待潜伏期过去，是一个非常高效的措施，在短时间内让 SARS 销声匿迹。但是请注意，这种组合拳能够发挥作用，是有几个前提的：

比如说，患者总数始终不大，因此梳理每位患者的密切接触史，将所有人员分别隔离，物质条件能够满足；又比如说，一旦发病，病情就较为危重和典型，患者会被快速识别出来并接受治疗，不存在大量潜在的无症状或轻症感染者被漏掉；再比如说，潜伏期内没有传播能力，因此需要寻根溯源找到并进行医学观察的人数一般不会很多，等等。

从这些分析里你也许就发现了，因为患者基数小，因为症状典型且容易识别，以及患者在潜伏期并没有传播能力，人类的管控措施可以非常有效地降低患者和健康人的接触频率——因为所有有传染力的患者都能够被快速识别和隔离。因此，SARS 的实际传染数 R 就被很快降低到 1 以下，SARS 疫情也因此就在很短时间内销声匿迹。

新冠肺炎则完全不同。

一个不同是患者基数。在咱们国内，国家采取了相当及时的管控措施，没有让疫情蔓延开来，国内新冠肺炎患者最终也没有超过 10 万人大关，因此有条件对所有患者做到应收尽收，还能够尽可能追踪他们的传播链条，隔离密切接触者。还有，大部分患者都集中在武汉和湖北其他城市，而强有力的封城措施也尽量减少了患者在全国范围内的大规模流动。实际上不少模型研究已经说明，中国在 2020 年初采取的强有力的公共管理措施，很快将病毒传播的实际传染数 R 降低到了 1 以下[1, 2]。

而站在 2020 年底这个时间点上看，全球新冠肺炎患者已经多达 9000 万人，尚未被发现和报道的患者可能数倍于此，如此庞大的患者基数，从理论上已经无法全部隔离，只能允许绝大多数患者居家自行休养，实际上就连强制居家隔离都难以做到。那么，通过降低接触频率来降低实际感染数 R 就无从说起了。

实际上，患者基数如此庞大，除了导致疫情管控更加困难之外，还大大推动了新冠肺炎病死率的攀升。这里我想引入"死亡率峡谷"的概念来更好地说明这个问题。

我们已经讨论过，新冠肺炎整体上仍然是一种比较轻微的疾病，即便不考虑全程无症状的感染者，患者当中也有 80% 症状轻微，比较容易被治愈。整体病死率只有 0.3%~0.6%。但是如果我们比较国内湖北地区和其他地区的数据也仍然会发现，两个患者群体的病死率有几倍的差别。类似的现象在 2020 年春天的意大利、英国、西班牙、法国，还有美国东部地区，也能看到。

究其原因，新冠肺炎的大部分患者，固然症状轻微，但是仍然需要接受及时的支持治疗——比如补液、吸氧等措施——

1 Chaolong Wang, et al. "Evolving epidemiology and impact of non-pharmaceutical interventions on the outbreak of coronavirus disease 2019 in Wuhan, China," *medRxiv*, 2020.

2 Huaiyu Tian, et al. "An investigation of transmission control measures during the first 50 days of the COVID-19 epidemic in China," *Science*, 2020.

才能较好地痊愈。如果缺乏医疗支持，他们当中的一部分人会发展成重症乃至危重症，从而大大提高病死的概率。而雪上加霜的是，一旦一个地区出现了大量的重症和危重症患者，那么也会进一步耗竭本来用于救助危重患者的资源，比如 ICU 床位、有创呼吸机、医护人员，进一步推高死亡率。这种现象我称之为"死亡率峡谷"。

而相比能够以指数扩增的患者数量，医疗资源，比如医护人员数量、呼吸机数量、ICU 床位、各种药品的储备，即便能够扩增，也仅仅能以线性速度扩大，一旦无法承载患者的治疗需求，结局就是跌入深深的死亡率峡谷。这也进一步证明了疫情早期防控措施的关键性。

而更大的不同，是新冠肺炎的"隐匿性"。这种疾病的症状普遍轻微，又不那么典型和容易识别，很容易被忽略和遗漏。更要命的是一个新冠病毒感染者就算没有任何症状，也同样能够表现出感染力，在不知不觉间将疾病传播开去。这样一来，想要及时识别出新冠病毒感染者并及时采取措施降低接触频率和感染概率，就更困难了。

想要说清楚这个问题，我们要从一个非常流行的概念——新冠"无症状感染者"说起。

首先我们来看看到底什么人是"无症状感染者"。要是顾名思义的话，所谓无症状感染者就是被新冠病毒感染，但却没表现出疾病症状的人。但要是仔细深究一下你会发现，所谓无症状感染其实包含了好几种完全不同的情形。

具体来说，判断是不是被新冠病毒感染，本身是有标准的。想要判断一个人是不是被新冠病毒感染了，世界通行的金标准都还是核酸检测。医生们从一个人的上呼吸道样本——也就是痰液或者咽拭子样本中——通过 PCR 检测的方法，确认其中存在新冠病毒的基因片段，就可以确认其被病毒感染。这种检测技术的"特异性"还是很好的，也就是说如果核酸检测查出为阳性，那么这个人基本上可以肯定确实被病毒感染了。当然我要提醒一下，核酸检测技术同时存在相当明显的"敏感度"问题，也就是已经被感染的人可能有相当一部分都测不出来，如果检测技术做得不够好，特别是采样的动作不够标准，这个比例甚至会高达 50%。这一点非常关键，咱们等下还会说到。

　　但是判断症状就不是那么容易了。在一个特定的时间断面上，如果我们发现了一个没有症状，但是核酸检测阳性的人，在对他展开深入的追踪之前，我们得承认他可能处于下面这三种不同的情形：

　　发病前无症状：一个人确实被病毒感染，但是处在疾病潜伏期内，还没有表现出症状。这段时间内，他的表现就是无症状感染。这段时间一般会持续 3~5 天，在极少数情况下，我们也看到过长达数周的潜伏期。

　　全程无症状：一个人确实被病毒感染，但是从被感染到病毒从体内被清除，整个过程中他都完全没有表现出任何症状；又或者疾病的症状非常轻微，可能就有点小咳嗽、身体乏力等，休息几天就自己好起来了，以至于连这个人自己都没有察觉，或者没有特别当回事。

发病后无症状：一个人确实被病毒感染，也出现了新冠肺炎的典型症状，但是在自己调养休息，或者医院治疗后，症状消失。但是在那之后，虽然疾病症状没有了，但核酸检测仍然是阳性，或者变成阴性之后又重新变成了阳性。

不知道这么一分解你有没有发现点什么，这三种人，在被新冠病毒感染的过程中都曾经有一段时间可以被定义为"无症状感染者"，对于第一种人是在疾病发病之前，对于第二种人是在疾病发病过程中，对于第三种人则是在疾病好转之后。当然，在很多时候，感染者到底是完全无症状，还是状态太轻微以至于被忽略，是很难严格区分的两件事。我们的讨论也同样适用于这两个人群。

那无症状感染者一共有多大比例呢？

这其实是一个很难回答的问题。这也容易理解，即便在此时此刻，症状轻微或者干脆没有，这样的患者是很难被发现的。

即使在核酸检测非常密集的中国和韩国，一般也只会对出现症状的人，以及和新冠肺炎患者有过密切接触的人做核酸检测（疫情后期的几次大规模城市人口普测是例外）。要是按照欧美各国目前对抗新冠肺炎的措施，如果一个人没有出现新冠肺炎症状是不会被要求做核酸检测的——也就是说，他们的诊断路径根本就不能系统地发现无症状感染者。

这就带来了一个比较大的问题。因为这样一来，我们就没有一个系统的办法能够全面地筛查人群当中那些完全无症状的感染者。他们就有可能成为潜在的传染源，持续传播新冠病毒。想要降低新冠肺炎的实际传染数 R 就无从说起了。

你可能会说能不能干脆就给整个人群做一轮核酸检测呢？答案是真不行，至少这不太可能是常态。一方面是经济成本会大到无法承受的地步，而且这个过程中会不会因为人群聚集导致疾病传播也是个很大的隐患。另一方面，我们刚刚提到的核酸检测的敏感度问题成为致命的限制因素。作为一种敏感度不算特别高，甚至在某些情况下可能低到 50% 的检测方法，就算是做了全部人口的筛查，也会漏掉相当比例的"无症状携带者"，这样的筛查意义就非常有限了。因此即便是在疫情后期，国内几个城市采取的全市人口普测核酸，也只能看成是应对疫情反弹的战时措施，而不是常态手段。

当然，一些小范围的研究能帮助我们估算一下这些无症状携带者的大概比例。

比如说日本科学家系统筛查了从武汉撤侨的数百名日本公民，从中发现了 4 位无症状感染者和 9 位有症状的患者，无症状感染者的概率超过了 30%[3]。针对"钻石公主"号邮轮上的乘客，日本科学家对他们当中的绝大部分（超过 3000 人）做了核酸检测，发现了 634 人核酸阳性。这部分人当中，328 人，也就是

---

3 Hiroshi Nishiura, et al. "Estimation of the asymptomatic ratio of novel coronavirus infections (COVID-19)," *International Journal of Infectious Diseases*, 2020.

超过 50%，在接受检测时没有表现出症状[4]。

再比如说，3 月 25 日的英国医学杂志提到，对一个大约 3000 人的意大利村庄进行地毯式的核酸检测后发现，有 50%~75% 的感染者属于无症状感染[5]。

类似的比例也被一些数学模型所支持。比如在 3 月 6 日，中国科学家在开放获取平台 medRxiv 发表的一篇论文里就提出，至少有 59% 的新冠病毒感染者因为无症状或者症状轻微，不会被发现[6]。

尽管数据有些差别，但是我想我们可以做一个粗糙的推测，在某时某地，如果我们发现了一位新冠患者，可能就意味着此时此刻这个地区应该还有一位甚至更多的无症状感染者。当然我们要注意，这些无症状感染者，可能分属上面我们讨论的三种不同的情形，也许正在潜伏期，也许正在恢复期，也许始终不会有症状。每种情形的占比在不同的场景下会有很大的不同。

不管是哪种情形，无症状感染者看起来也同样具备传播病毒的能力。这一点已经得到了不少研究的证明，特别是中国科学家在不少家庭传播的案例中证明了无症状携带者也能够把病

4 Kenji Mizumoto, et al. "Estimating the asymptomatic proportion of coronavirus disease 2019 (COVID-19) cases on board the Diamond Princess cruise ship, Yokohama, Japan, 2020," *Eurosurveillance*, 2020.

5 Michael Day, "COVID-19: identifying and isolating asymptomatic people helped eliminate virus in Italian village," *BMJ*, 2020.

6 Chaolong Wang, et al. "Evolving epidemiology and impact of non-pharmaceutical interventions on the outbreak of coronavirus disease 2019 in Wuhan, China," *medRxiv*, 2020.

毒传播给密切接触的家庭成员[7, 8, 9]。

不过，无症状感染者的传播能力似乎要比有症状的患者稍微低一些[10]，美国疾控中心的数据也支持这个判断[11]。

这样比较下来，我想你应该能理解，为什么SARS和新冠肺炎两种自然状态下传播能力类似的疾病，发展轨迹会有如此巨大的区别了。

但是新的问题又来了。即便有这样那样的麻烦和困难，即便世界范围内新冠疫情的发展确实符合上面的分析，但我们中国的疫情管控仍然取得了巨大的成功。我们到底做对了什么？这些经验能够帮助其他国家和地区吗？

为了回答这些问题，我们还是要回到三种不同的"无症状感染"上来，从对"无症状感染者"的处理措施中，我相信你也会找到答案。

先说第三种情形，也就是疾病症状消失之后，核酸检测仍呈阳性的情况。这种最常见的就是媒体上常有报道的"复阳"：患者发病，住院，治疗，症状消失，核酸检测阴性之后出院，

7 Chunyang Li, et al. "Asymptomatic and human-to-human transmission of SARS-CoV-2 in a 2-family cluster, Xuzhou, China," *Emerging Infectious Diseases,* 2020.

8 Jinjun Zhang, et al. "Familial cluster of COVID-19 infection from an asymptomatic," *BMC,* 2020.

9 Guoqing Qian, et al. "COVID-19 transmission within a family cluster by presymptomatic carriers in China," *Clinical Infectious Diseases,* 2020.

10 陈奕等，"宁波市新型冠状病毒肺炎密切接触者感染流行病学特征分析"，《中华流行病学杂志》，2020。

11 https://www.cdc.gov/coronavirus/2019-ncov/hcp/planning-scenarios.html

但之后核酸检测又重新出现阳性了。听起来会让你觉得这种疾病真的神出鬼没难以捉摸，但其实这种情况反而比较容易被识别和控制——毕竟患者既然会发病，那么只要能够及时发现患者，收紧出院标准，就能够避免发病后无症状感染者的流动。特别是按照现在使用的诊疗方案，患者在治疗结束、症状消失、核酸检测两次都呈现阴性之后，就可以出院。在这种情况下如果出现核酸检测重新"复阳"，最大的可能性其实是之前的核酸检测出现了"假阴性"，病毒其实还没完全消失。这也就是刚才咱们讨论过的，核酸检测虽然特异性很好，但是敏感度很低的问题。想要解决复阳的问题，其实只需要执行更严格的出院标准就可以。

比如说，已经有不少研究显示新冠肺炎患者的粪便中也携带病毒。上海地区执行的出院标准，来自《上海市 2019 冠状病毒病综合救治专家共识》，就专门强调除了检测呼吸道样本之外，还需要患者的粪便样本核酸检测也是阴性才可以出院。根据这个标准，上海地区就极少出现"复阳"的患者。而即便不执行这个标准，按照现在的卫健委诊疗方案，出院患者仍然需要隔离 14 天，还需要定期复查疾病情况，这些措施也可以很好地避免患者"复阳"带来的新一轮疾病传播。

发病前无症状感染者的处理要相对棘手。根据我们的分类，这类人在潜伏期结束后会发病，这个时候只要我们的公共卫生系统能够快速和准确地将其识别出来并且隔离治疗，同时追踪其发病前一段时间内的密切接触者，将他们也集中隔离观察一段时间，就可以有效地做到对疾病的管理。在 2020 年初的这几个月里，我们中国就是用这样的方法实现了对新冠疫情的快速控制。

当然，潜伏期内传播，就意味着不少为了应对新冠疫情的公共管理政策，如减少人群聚集、在人多的地方佩戴口罩、出现新发疫情重启隔离措施等，会成为长期的政策坚持下去。这些措施能够在很大程度上降低传染病的实际传播能力。保证即便时不时会有新的新冠肺炎患者出现，但是真正传染的人数可以维持在一个很低的水平，阻止疾病的二次暴发。

真正需要担心的是第二种无症状感染，也就是那些从被病毒感染到身体清除病毒，整个过程里都症状轻微甚至毫无察觉的人。

而这部分人体内的病毒含量却有可能并不低，传播能力即便低于那些出现发热咳嗽症状的患者，但是却仍然是一种不可忽视的疾病传播源。而且因为他们发病的隐匿性，使得想要利用隔离等手段阻止疾病传播变得极其困难。

但是即便我们无法全部识别所有的无症状感染者，我们也可以通过间接的办法控制其传播途径。

这里的道理也不难理解，如果无症状感染者传播了新冠病毒，那理论上说，应该也有一部分被感染者会出现新冠肺炎的症状。而这部分患者既然能够出现症状，就应该能够被公共卫生系统识别出来接受隔离治疗，而他们的密切接触者也会因此被隔离和进行核酸检测。这样一来，我们的问题就回到了上一类人的处理方案——发现患者及时救治，同时隔离检测其密切接触者——就可以了。

换句话说，这类全程无症状的感染者的存在，大概率会带来新冠肺炎在社会上中长期的存在和传播，但是只要我们能够及时识别出那些会出现症状的新冠肺炎患者，并且对他们的密切接触者做到及时的发现、隔离和检测，这种疾病就不会重新开始大规模流行。

综合起来看，我想我们可以得出一个结论：想要遏制新冠疫情的发展，如何有效控制患者基数，如何应对无症状或者轻症感染者，是最核心的两个问题。

对于前者来说，中国的经验是快速反应和动员，争取在患者数量还不是特别巨大，社会资源能够有效应对的时候遏制疫情发展。武汉封城防止疫情蔓延、方舱医院收治尽可能多的患者、全国范围大规模的社区隔离措施，本质上都是为了实现这一点。

对于后者来说，中国的经验是打造一个应对疫情的系统工程。这里面至少有几个特别关键的要素：及时、便宜、强制性的核酸检测，保证了大部分无症状和轻症感染者也能够被发现；在社会重新开放后，如果出现新的疫情起伏，在第一时间小范围重启隔离措施，切断了疫情传播的链条；长期坚持佩戴口罩、科学洗手、减少聚集的社会管理措施，降低了接触中的感染概率。所有这些措施结合在一起，为中国社会打造了一个充满韧性的疫情安全网。国内坚持对海外入境人员的隔离和核酸检测，本身也是这张安全网的组成部分。

还有一个问题特别值得一提：不少研究也显示，儿童群体当中，无症状和轻微症状的感染者比例似乎要更高[12, 13]。这就产生了一个风险，当儿童恢复上课和社交活动之后，新冠病毒可能会在他们之间隐匿地传播而难以为人所察觉。患病儿童自身固然疾病并不严重，但却可能会将疾病传播给更年长的家庭成员，从而导致疾病的二次传播。这种现象在欧美重新开放学校之后，也确确实实出现了。

说到这，我想我们可以正式来回答这一章开头的问题了：基于当下新冠疫情的庞大患者基数和新冠病毒传播的隐匿性，新冠病毒无法彻底被消除，将会长期伴随人类世界。但中国在管控疫情中的成功经验，对世界各国的疫情防控仍然有巨大的借鉴意义。

至少在疫苗开发成功并大规模应用之前，对抗新冠病毒将是整个人类世界一项长期而艰巨的任务。对于中国以外的很多地方，率先学习中国和韩国等国家的成功经验，通过大规模检测、强制隔离和全社会禁足，抑制病毒暴发的猛烈势头，是当务之急。在咱们中国，过去1年内取得了巨大的抗疫成就，但尽管整个社会开始重新开放和恢复活动，一部分抗疫措施却可能需要长期坚持下去才能防止疾病的二次暴发。

---

12 Haiyan Qiu, et al. "Clinical and epidemiological features of 36 children with coronavirus disease 2019 (COVID-19) in Zhejiang, China: an observational cohort study," *The Lancet*, 2020.

13 Yuanyuan Dong, et al. "Epidemiological characteristics of 2143 pediatric patients with 2019 coronavirus disease in China," *Pediatrics*, 2020.

而在未来，如果人类还将再次面对新冠肺炎这样的全新疾病，可能在第一时间就需要根据疾病的传播规律，打出一套疫情防控的组合拳。

具体来说，我们可能需要清醒地认识到一个"不可能天平"的存在。当我们开始试图管控一种传染病的时候，疾病的两个特性——隐匿性强、患者基数大，是天平的两端，不能同时存在。

这个"不可能天平"的逻辑其实很简单。想要管控传染病，我们需要降低疾病的实际传染数，将其控制在 1 以下。而想要做到这一点，最重要的办法就是降低患者和健康人的接触频率，以及接触中健康人被感染的概率。而要做到这两点，及时识别患者并采取隔离等措施是关键。

而识别和隔离的有效进行，是有前提条件的。

比如说，对一种严重传染病来说，不管是不是出现了大量患者，也有可能实现快速管控。这是因为严重疾病的识别相对简单，我们可以相对容易地从人群中将患者识别出来隔离治疗，因此能够在短时间内阻止疾病的蔓延。甚至在极端情况下，即便没有有效的管控措施，严重疾病的传播本身也具有自我限制的特性——通俗地说，如果患者快速发病和死亡，那么疾病也无法有效扩散。2002 年的 SARS 疫情，2012 年的 MERS 疫情和 2016 年的寨卡病毒疫情都属于这种情况。

而如果一种疾病症状轻微，那么唯一能够快速管控甚至消灭它的时机，就是在它刚刚进入人类世界、患者基数很小的时候。在这个时候，因为患者数量有限，我们有可能迅速采取措施普遍筛查所有潜在患者和感染者，并且通过强有力的隔离措施阻止这部分人的自由流动和传播，这也许会有机会将其消灭在萌芽状态。

而对于一种症状总体较为轻微，还出现了相当比例的无症状感染，同时患者基数已经极其庞大的疾病来说，全方位地识别、隔离变得不再现实，那么我们可能就不得不接受和它长期共存的结局。这一点，我们能够参考的对象是诸如季节性流感、诸如病毒感染等疾病。实际上，麻疹病毒的传播，在疫苗发明之前，也符合这个特征。

前事不忘，后事之师。新冠疫情给人类世界留下的创伤和经验，应该能帮助我们更好地应对必将会到来的下一次全新疫情。

第七章

未来：人类有没有可能消灭病毒传染病？

好了，我们讨论到这里，不知道你会不会产生一种相当挫败的感觉。

一方面，像新冠病毒这样体积如此微小、结构和功能如此简单的生命体，一旦演化出入侵人类世界的能力，可能会对人类数十亿人习以为常的生活方式、社会形态乃至世界观产生深刻的影响，甚至改变人类世界发展的轨迹。

另一方面，尽管人类的科学在快速进步，对新型病毒和新型传染病的理解能力在飞快提升，也能在短短一年的时间里就几乎看到了药物和疫苗的曙光，但是很显然，对比病毒的传播速度，人类的反应速度仍然还是不够快。在 2020 年的几乎所有时间里，人类对抗新冠病毒的主要手段仍然是强制隔离、减少公共活动、佩戴口罩——和我们的祖先对抗黑死病和天花时的动作别无二致。

而更重要的是，我们也许有足够的自信说，人类终将能够想出办法克制新冠病毒，让它最多只能是"流窜作案"，不能对人类世界构成破坏性的干扰。但是从我们的讨论里你也应该能看到，人类世界里还流行着从流感病毒到艾滋病病毒，从埃博拉病毒到寨卡病毒等大量严重威胁人类安全的病毒。更要命的

如何理解一种全新疾病

是，自然界里还有大量的未知病毒，人类至今都不知道它们的存在，但它们却随时有可能突然进化出入侵人类世界的能力，搅起像 1918 年大流感和 2020 年新冠疫情这样的血雨腥风。

这样一类威力巨大、传播迅速、神出鬼没的威胁，我们人类真的能有一个终极解决方案吗？在可预见的未来，人类有没有可能消灭病毒传染病？

你也许会给出很乐观的回答——而你也有充足的理由这么做。毕竟，在消灭危险病毒这件事上，我们人类是有成功先例的。

1977 年，索马里梅尔卡市出现了人类史上最后一位天花患者。在这位患者——牧民阿里·毛·马林——痊愈两年后的 1979 年 10 月 25 日，鉴于全世界在 2 年内没有发现任何新的天花感染者，世界卫生组织正式宣布，人类彻底消灭了天花。

这是有史以来人类消灭的第一种疾病，而它恰恰就是一种病毒导致的传染病。至今，天花病毒已经在自然界绝迹超过40 年。

消灭天花这种烈性病毒传染病，是人类前仆后继进行的一场持续上千年的战争。从古代中国和印度的人痘接种，到英国医生爱德华·詹纳发明的牛痘接种，人类其实很早就拥有了对抗天花的有力武器。但是，想要在世界范围内彻底消灭一种疾病，需要的不仅仅是医学技术，更需要全世界各国政府和人民的深度动员和密切配合。在 1948 年世界卫生组织成立后，消灭天花就成了这个跨国组织的首要使命之一。在此之后的数十年里，世界卫生组织在各个国家，特别是广大不发达国家，展开人员培训和公众教育,推动牛痘疫苗的普遍接种,监控新发患者,控制疾病流行范围,逐步实现了对这种凶险病毒的合围。

俗称"小儿麻痹症"的脊髓灰质炎,离被人类彻底消灭也不远了。到 2019 年,全世界仅有阿富汗和巴基斯坦境内仍有新发病例,发病人数不到 40 人。而脊髓灰质炎,也是一种病毒导致的传染病。

这两个案例实实在在地说明,病毒传染病确实是可以被消灭的,如果全球各国携手,通过开发疫苗,通过病例的密切追踪,通过大规模推广疫苗接种,确确实实能够消灭曾经肆虐人类世界的危险病毒。

同时,我也得遗憾地说一句,天花和脊髓灰质炎的成功案例可不是那么好复制的。甚至可以说,它们的成功是很多限制条件恰好得到同时满足的结果,其他的病毒传染病,包括新冠病毒和流感病毒,都不符合。

两个特别关键的限制条件是:

一种病毒只在人类世界传播,那它相对来说就比较容易被彻底清除;而如果它还能在别的动物物种里传播,那我们就几乎不可能消灭它。

还有一个关键的限制条件是,这种病毒的传播要特别"明显"才行。简单来说就是,只要一个人被病毒感染,就会表现出非常强烈和明确的症状。

这个道理容易理解,天花和脊髓灰质炎病毒就是两种只在人类世界传播的病毒,而且传播时会引发严重的疾病症状,如高热、斑疹（天花）、头痛、呕吐、脖子僵硬（脊髓灰质炎）等。根据这些特征，我们能识别和追踪每一位患者，准确地切断传播链条，那么过一段时间这种病毒的传播链条就会被切断，最终就可以从人类世界清除它们。又因为这两种病毒根本不能在人类之外的生物体内生存，那一旦从人类世界绝迹，它们就彻底被消灭了。

而相反，像流感病毒和新冠病毒就不满足这两个限制条件，因此几乎不可能被彻底消灭。

首先它们都有人类之外的动物宿主。我们就拿流感病毒来说，它除了能够感染人，还能够感染猪、狗、猫、马、海豹，还有各种野生和家养的鸟类。就算我们暂时性地清除了人类世界里的流感病毒，它们还能源源不断地从这些天然宿主那里入侵人类世界。而我们显然不可能把这些动物全部消灭。新冠病毒也类似，尽管我们至今还不完全理解它的传播路径和来源，但是我们已经知道，它能够感染包括猫、狗、水貂、雪貂、猴子在内的很多种动物。这样一来，彻底从自然界消灭新冠病毒就变得不可能了。

与此同时，流感病毒也好，新冠病毒也好，它们的传播都相当"隐匿"。两种病毒都是存在潜伏期的，也就是说，一个人从感染病毒到表现出症状，往往存在几天的潜伏期（流感病毒一般是1~3天，新冠病毒可以长达14天甚至更长），在这段时间里我们几乎不可能识别出所有病毒感染者并加以隔离，也就是说潜伏期内的病毒传播这个麻烦是很难消除的。像新冠病毒，我们还发现了大量的所谓"无症状感染者"的存在。这些人甚至可能从被病毒感染到身体清除病毒，整个过程毫无症状可言，却同样存在传染性。和天花、脊髓灰质炎这样的病毒不同，流感病毒和新冠病毒的特性决定了它们的传播链条难以被彻底切断。

这里我们讨论的还是人类世界的现有病毒，哪些可能被消灭，哪些不可能。而更大的问题是，在自然界里还有大量的新病毒，正在黑暗中默默进化出入侵人类的能力，正等待着随时发动进攻。

实际上，我们看看21世纪以来发生过的病毒大流行，2002—2003年的SARS流行、2009年的H1N1流感病毒流行、2012年的MERS流行、2019—2020年的新冠病毒流行，这四次病毒传染病的幕后真凶，都是21世纪才首次从动物进入人类世界的，之前在人体中根本不存在。即便是2014—2016年在西非暴发的埃博拉病毒流行、2016年在南美暴发的寨卡病毒流行，还有一直在流行的艾滋病病毒，这些病毒进入人类世界的时间也就是在过去100年内。

在未来，我们几乎可以笃定地说，动物世界里隐藏的新病毒，将会持续地寻找人类世界的软肋，伺机突破。

我们在前面的章节讨论里也提到过，科学家们从穿山甲体内发现的一些新型冠状病毒，固然不太可能是这次人新冠病毒的祖先，但是它们却显然已经非常接近完成动物到人的物种跨越了。在病毒基因组核心区域，只需要少数几个基因变异，这些病毒可能会在短期内产生入侵人类世界的能力。

根据这些讨论，我想人类肯定有可能模仿天花和脊髓灰质炎病毒的经验，继续消灭一些危险的病毒。但是想要彻底和全面地告别病毒威胁，目前我们还没有这个实力。新冠病毒如此，流感病毒如此，更多的病毒也是如样。

那难道就是说，我们面对来自病毒世界的潜在威胁，只能坐视不管，被动反应吗？

当然也不是。我认为人类还是有机会的。彻底扫除病毒的威胁固然不现实，大大降低其威胁程度还是有些思路的。

首先，我们有可能部分屏蔽动物和人之间的密切接触，让新病毒进入人类世界变得更困难。

相信你也看到了，大量的人类新病毒是从动物而来，它们通过基因变异跨越了物种之间最后的屏障，成功登陆人类这个大型养蛊场。但是，这个步骤可不是凭空就能完成的。咱们在前面章节里其实已经讨论过要完成这个物种跨越，需要什么先决条件了。

这里不妨再重复一下要点：

在进入人类世界之前，新冠病毒（也同样适用于未来各种可能的人类新病毒）应该寄生于某种宿主动物体内。这种动物应该是一种半野生的，但是能够被规模养殖运输的，和人类世界比较接近的哺乳动物。这里的理由其实很浅显：半野生状态下，它才能够和野生蝙蝠（也适用于其他野生动物）有比较多的接触机会，能够从它们那里获取病毒。比较大的群体规模，给病毒在这种宿主内部的互相传播和变异提供了平台。而只有这种动物也比较接近人类世界，有很多和人接触的机会，给新病毒提供了一个选择压力，并最终让它获得了感染人体的可能性。

你看，考虑到这些条件，我们想要减少未来新病毒入侵人类世界的机会，一个能想到的方案就是，我们有没有可能干脆离动物远一点？

请注意啊，我说的可不是要把动物特别是野生动物赶尽杀绝，这个想法是非常可笑而且危险的。随意破坏地球生态系统可能会导致的后果，我们谁都无法预料。相反，我们马上可以采取行动的，是要尽量避免入侵野生动物的天然栖息地，让它们能够尽量保持自然的生活状态，不要和人类世界产生太多交集。

在更长的时间尺度上，我们也许可以逐步减少对家禽家畜的依赖，用其他方法生产肉食和动物产品，从而降低它们体内的病毒入侵人类世界的风险。

实际上科学界有一个主流认知，就是人类世界今天流行的大多数病毒，都是我们的祖先进入农业社会、开始畜养家禽家畜之后从动物身上获得的。人类祖先和家禽家畜近距离朝夕相处，给病毒跨越物种屏障进入人类世界提供了机会。而另一方面，进入农业社会以后，人类祖先获得了丰富和稳定的食物来源，人口规模大大提高，而且形成了高密度的人群聚集区，这就给病毒在人和人之间传播、进化和流行提供了天然的温床。

这一点甚至还影响了现代世界的政治格局。著名学者贾雷德·戴蒙德（Jared Mason Diamond）就在他的名著《枪炮、病菌与钢铁》中论证，绝大多数能够被驯化的动物都生活在亚欧大陆，而美洲和澳洲的土地上天生就没有什么动物能被驯化。这样一来，相比其他地区的居民，亚欧大陆的居民天然就有开启农业文明的基础。而这种文明层面的不公平，也带来了病毒层面的不公平：亚欧大陆的居民从1万年前开始，就饱受病毒入侵的折磨，但是也因此形成了对病毒一定程度的免疫力。而受限于美洲和澳洲大陆的自然资源，当地土著居民并没有大规模的驯化诸如牛、羊、猪、鸡这样的动物，对于来自动物的病毒也就毫无抵抗力。因此，在哥伦布发现美洲之后，短短一两百年的时间内，北美的印第安人数量减少了95%。这里面当然有欧洲殖民者有意识地驱赶和屠杀的因素，但天花的传播起到了毁灭性的作用。面对这种前所未见的病毒，当地居民只能坐以待毙。在南美洲，在澳洲大陆，类似的场景也在上演。甚至我们都可以说，是在病毒的帮助下，欧洲殖民者才轻松占领了这些广袤丰饶的土地，形成了对整个世界的统治局面。

如果我们希望避免类似的故事重演，让人类摆脱对家养动物的依赖也许是一个方案。这倒也不完全是天方夜谭。过去几年，有不少初创公司都在研究如何利用植物蛋白质来生产口味和营养成分上都接近肉类的食品，甚至还有一些公司干脆就研究如何在实验室里人工培养动物的肌肉细胞、制作"人造肉"。如果人类真的能够制造出能满足大多数人需要的"人造肉"，那不光能大量节约饲养家禽家畜的资源和场地，减少温室气体排放，也能进一步让人类远离这些病毒源头。

上面讨论的方案可以说是为了釜底抽薪，减少未知病毒对人类的威胁。那退一步说，如果病毒入侵已经发生，我们有可能更快、更及时地应对吗？

在前面章节里我们已经聊到过疫情防控的"不可能天平"，想要快速控制一种流行病的传播，疾病本身的症状轻微，疾病患者的基数庞大，两者不可能同时出现。疾病的天然症状我们无法预测和控制，但患者基数却是可以经过努力降低的。这个"不可能天平"本质上说的就是，对于一种新发传染病，在第一时间发现、隔离、追踪、控制，是最关键的。

但是从前面章节的讨论里你也会发现，在一种疾病刚刚出现的时候，又恰恰是信息最缺乏也最混乱，最难当机立断采取措施的时候。下一个章节里我们会讨论面对下一次疫情，在早期发现、治疗手段、科学交流、国际合作方面怎样才能做得更好。这里我们把讨论范围再放大一点，看看还有没有什么解决问题的新思路。

第一个思路是我们几次探讨过的基因组学技术。从 SARS 和新冠肺炎暴发中，我们看到一个很棘手的问题：面对一种全新的、人类一无所知的传染病和病原体，想要快速识别和反应实际上是很困难的。毕竟一线医护人员每天都要面对大量症状类似的患者，准确地从中识别出新型疾病，及时上报，并采取公共卫生方面的措施，是项非常困难的任务。

如果能够非常快速、便宜和准确地为患者的疾病样本做基因组测序，用基因组序列信息作为疾病诊断的标准之一，那么我们就有可能在第一时间快速发现新病毒和新疾病的存在。实际上，就在这次新冠疫情中，医生们已经通过基因组测序分析，了解到某些患者体内存在一种全新的冠状病毒。如果这项技术能够大规模地应用于临床最前线，可能为我们对抗传染病争取更多的时间。也许在未来，患者样本的基因组测序将成为疾病诊断的一个必需环节，甚至成为所有患者进入医疗机构就诊的第一个环节。当然，要实现这一点，今天的基因组测序技术，不管是成本（至少数千元人民币）还是速度（至少几天）都是远远不够的。一种能够直接在医院门诊使用，几十分钟获得结果，而且普通人能够承受的基因组测序技术，将会大大改变人类对新发疾病的认识和对抗手段。

另外，能改变局面的可能还有基于移动互联网的技术。

智能手机和移动互联网，已经成为现代社会的基础设施。在这次新冠疫情中，也确实有人利用移动互联网提供的数据，分析人群的迁移规律，以及标记邻近社区的患者，等等。但是我相信，我们能从这些数据中挖掘出来的信息远不止这些。举个例子，智能手机的移动轨迹能不能帮我们找到一位患者在发病前和哪些人有过密切接触？是否需要采取隔离等措施？在某个地区、某段时间里，诸如"咳嗽""发热""拉肚子"这些关键词在社交网络上的使用频率，如果出现了突然的波动，是不是就提示着某种传染病可能在流行？甚至在未来，智能手机上能不能整合某些人体生命指标的测量，比如心率、体温、血氧饱和度等，把整个移动互联网变成公共卫生机构？在这些数据的加持下，我们对人群整体的健康情况的理解将会更加准确和快捷，可能任何一个地方刚刚发生的新情况都会被立刻识别出来。如果这些信息结合基因组测序技术，也许我们就真的能在任何一种新病毒刚刚进入人类世界的时候就抓住它，并迎头痛击。这样的话，就算我们无法阻止新病毒的出现，但是一定能把新病毒的威胁大大降低。

我们前面章节讨论过的核酸疫苗技术。这种技术当然还需要时间的检验，但一旦被广泛验证和接受，它将会彻底改写人类疫苗开发的版图。这类疫苗的设计开发相对直接（有了病毒基因序列就可以着手开始设计），生产比较容易，如果病毒出现变异也可以很方便地改变疫苗核酸序列重新大规模接种。有了这个武器，人类对抗全新病毒传染病的反应速度会得到大大的提高。顺着这个思路推演，在未来，人类也许能发展出能够快速研发生产的，基于核酸序列的疫苗和新药系统。几个月，甚至几周时间内拿出对抗病毒传染病的医学方案。

道阻且长，人类还要上下求索。

　　　　　　　　　　如何理解一种全新疾病

第八章

反思：下一次疫情中，
人类能否做得更好？

在讨论新冠疫情的最后，我们围绕科学这个核心话题，一起做一点反思的工作。

我想专门提出两个可能在人类未来应对全新传染病时会产生影响的问题。不要浪费任何一次危机，反思的价值是让我们能够对下一次危机，做更充足的准备。

首先我想说的是，新冠疫情对当今世界的全球治理体系提出了明确的挑战。

当然了，公共治理话题不是我的专长，我也不打算贸然涉足这个领域。但是今年有一个针对欧洲各国防疫工作的数学模型研究，给了我不少启示。

这项研究发表在 7 月 17 日的《科学》杂志上 [1]，参与研究的是来自英国的一群科学家。我们知道，在 2020 年，欧洲各国的疫情几经波折，在年初遭遇一波冲击之后，各国本已基本度过了疫情最严重期，都在分别考虑放松管制、重启经济。但到了秋天，新的一波疫情又卷土重来，势头甚至超过了第一波，各国又不得不咬紧牙关考虑第二轮严格管制。

1 N. W. Ruktanonchai, et al. "Assessing the impact of coordinated COVID-19 exit strategies across Europe," *Science*, 2020.

这些科学家的问题就是，如果欧洲各国按照自己的节奏，各顾各地收紧或放松自己境内的管制，会产生什么后果呢？

这项研究的做法比较简单。研究者们利用沃达丰公司和谷歌公司的手机信号数据，分析了疫情前后欧洲各国之间人口流动的脉络。很显然，因为疫情管制，欧洲各国之间的人口流动降低了接近七成。这也是疫情得到控制的因素之一。然后，研究者们测试了这样一种情形：在全欧洲统一步调，决定何时严管、何时放松的前提下，如果一个国家单独开始提前放松，会产生什么后果呢？

结果不会让人意外。任何一国提前放松，都会导致第二波疫情提前到来。那些处在地区枢纽地位的国家，比如法国、德国、意大利、波兰和英国，甚至仅仅用这一个操作就能让下一波疫情早来一个多月。因此，在研究的最后科学家们提出，想要在欧洲境内有效限制疫情的反复暴发，各国需要统一步调，共同行动。

这个结论本身倒是没有太让人吃惊。之所以要专门聊它，是因为这个分析思路为我们进一步看清新冠疫情之后的世界局势提供了一个切口。

截至目前，疫情控制最糟糕的地方，除了欧洲之外，主要还有美国、巴西、印度等，其中有超级大国，也有贫穷国家；有统一的大国，也有松散的国家联盟。这个事情让很多人百思不得其解。但是，从这个模型的角度来看，也许这四个地方有一个共同点：因为历史、政治和文化原因，这四个地方都缺乏自上而下的中央管制能力，不同地区（欧盟的成员国，美国的州，巴西的联邦，印度的邦）对于自己的经济活动一直就有很强的自主权。在抗疫措施上当然也是，不说松紧程度的差别，就连管制措施开启和停止的时间都无法协调一致。这就很容易出现论文里模拟的结果——哪怕大部分地方都规规矩矩，只要少数地区不按常理出牌，抗疫的成果可能就会毁于一旦。

事实上这个问题也可以放大到全球来看。我们知道，人类世界的治理体系主要还是以主权国家为核心的，各种国际和区域性的组织，包括联合国和世界卫生组织，实际上对各主权国家的内部治理，发言权和强制力都是很有限的。新冠疫情压力之下，最该发挥领导力的世界卫生组织权力有限，还被多方敌视，甚至还出现了美国直接退出的闹剧。但是新冠病毒的传播可不会遵循国界的控制和政治的考量，在全球人员和物资流动如此频繁的今天，几乎没有谁能够独善其身。

以此类推，还有像全球气候变化、新能源的研究和开发、南北极的开发利用、空间探索和星际空间威胁的防御，这些问题都超越了主权国家的管辖范围和治理能力，必须全人类携手才有可能应对，步调不一致甚至彼此对着干，最终是会威胁整个人类的未来生存的。

因此，新冠疫情的全球蔓延，实际上是给全人类的一次严肃提醒。全人类需要团结一致对抗病毒。而为了携手共赢，我们可能需要探索建立新的全球治理体系，来帮助我们步调一致地对抗新冠疫情这样的全球性难题。

除此之外，我最主要的反思当然还是在科学领域。

我们当然要看到，面对这种前所未见的新冠病毒传染病，尽管仍然会有难以避免的慌乱和错误，但各国科学家的整体表现是非常优秀的。到 2020 年底，著名的学术论文数据库，美国的 PUBMED 网站已经积累了超过 8 万篇与新冠疫情相关的研究论文，其中包括和病毒致病机制、药物开发、疫苗测试相关的大量重量级研究。

但是我认为，在未来面对全新疾病的时候，我们仍然有机会做得更好。

第一个问题是，当下科学界，科学成果的共享和交流，真的是太古板，太缓慢了。这一点在新冠疫情的压力下显得特别明显。为了人类科学的长久繁荣，我们有必要去发展一套能让科学发现第一时间触达全球同行，让同行们能够实时参与讨论的机制。

这话从何说起呢？

你可能知道，在当下，在正经学术期刊发表学术论文，是世界通行的科学交流方式，全世界的科学家们用这种方式分享成果。这是持续了上百年，而且很可能还会长期持续下去的方式。再往前科学家们习惯用通信来交流，那个效率显然要低得多。发论文本身不光无可厚非，还应该大大鼓励才对。科学事业是一项需要全体科学家戮力同心、开诚布公、深入合作的事业，高效和坦诚地分享是这一切的基础。

但是请注意，当下学术出版（academic publishing）的模式其实已经很不适应当今世界知识积累和信息传播的速度了。一般而言，发表一篇论文，科学家们在完成研究和数据分析之后，还要制作图表，撰写文章，填写各种烦琐的作者和资助信息之后投稿，而投稿之后，一般还要经历杂志编辑和审稿人的多轮"挑刺"，反复修改、补充实验之后，才能进入发表环节。在这个环节，也仍然需要经历排版、格式调整、审读等环节，才会最终发布。因为各种复杂的原因，学术论文的发表周期被拖得越来越长。2012 年有个论文[2]专门分析了这个问题。以生物医学的论文为例，从投稿到学术期刊正式接收发表平均需要 4 个月，从投稿到文章正式发出需要接近 10 个月！这就在很大程度上让学术成果的及时分享成了一句空话。

　　除了时效性的问题，学术出版还有另外一个大问题，就是商业模式的问题。大多数学术期刊都是依靠全世界学术机构的订阅费生存，而日益高昂的订阅费用也让全世界科学家不堪重负。去年就有一个相当重磅的新闻，美国加州大学无法忍受出版商 Elsevier 每年上千万美元的期刊订阅费用，愤而决定终止合作——而这意味着整个加州大学将无法看到 Elsevier 集团旗下超过 2500 份学术期刊每年发表的接近 50 万篇论文（这里面包括大名鼎鼎的 Cell Press 所有期刊）。更要命的是这些论文中有相当一批根本就是加州大学的科学家自己发表的！科学家们开展研究发表论文，需要向杂志社交纳出版费，等到阅读论文

2　David J. Solomon, et al. "A study of open access journals using article processing charges," *Journal of the American Society for Information Science and Technology*, 2012.

的时候还需要再交纳一轮费用，这件事怎么想怎么别扭。更不要说这种商业模式从根本上限制了科学成果的广泛分享——那些不在大型学术机构工作的人，他们显然无法承受每篇论文几十到数百美元的获取费用。

时间太长、不能免费分享，这是当下学术出版行业的两个顽疾（甚至可以说是毒瘤），从根本上和科学成果快速、广泛分享的逻辑是背道而驰的。即便这次疫情中有些学术期刊大开绿灯加快速度，也做到了新冠疫情相关研究免费公开分享，但是长期来看，我们总不能每次有了紧急的公共卫生事件，都指望学术期刊的道德操守吧！

当然，现实中也有不少人在努力解决这些问题。其中一项已经被相当广泛接受的措施，是类似 ArXiv、BioRxiv、MedRxiv 这样的公益性的开放获取平台。科学家们将写好的论文首先放在这些平台上，这样可以保证全世界同行第一时间免费看到，并且可以立刻进行评论或者开展后续研究。当然，在大多数时候，这并不妨碍科学家们后续将论文继续投向各种更具备学术声誉的学术期刊正式发表。

类似的开放获取平台有没有它的问题？当然也有，把论文放在开放获取平台上是一个没有门槛的事情，任何人任何时间都可以完成。这当然就有可能导致平台上的论文良莠不齐，鱼龙混杂。就在新冠疫情发生时，开放获取平台上有非常高质量的学术论文，也有完全是混淆视听的低水平论文（如印度某实验室关于新冠病毒可能是 HIV 改造的论文，后续已经主动撤回）。从某种程度上说，鱼龙混杂，其实是快速和免费获取学术成果必须付出的代价。

根据这样的讨论，我想我们可以给这次新冠肺炎疫情中科学成果的分享做点分解讨论了：

针对新冠病毒和新冠疫情展开研究，发表论文，这是科学家们的天职，无可厚非，需要鼓励；但是在此时此刻，将论文慢腾腾地交给传统学术期刊发表，不管在时间上还是在开放程度上，都不是分享学术成果最理想的途径，甚至可以说和我们对科学家们面对疫情快速反应、高效共享、精诚合作的期待是背道而驰的。将论文首先放在各种开放获取平台上供所有人第一时间参考是最好的选择。当然，为了保证论文的质量，同时将论文正式投稿到严肃学术期刊接受审查也是需要的。

另一个值得讨论的问题是，人类针对新发传染病的研究，在多大程度上能够持续、系统、坚持进行，而不会因为疫情的缓解逐渐淡出人们的视野，也得不到足够的资助。

从前面的讨论里你可能已经发现，针对新冠疫情的研究启动如此之快，至少是部分得益于2003年之后中国科学家对SARS病毒展开的一些研究。特别是SARS病毒和新冠病毒结构类似，也通过同一个蛋白质分子（ACE2蛋白）入侵人体细胞。这样一来当年为SARS研究准备的很多资源，比如转基因小鼠、各种化合物，就直接派上了用场。

但是问题的反面是，在SARS疫情彻底消失之后，全球范围内很多针对SARS的研究都逐渐停止了。理由倒是也很简单：

既然病都没了，还研究它干啥？所以结果是，接近 20 年过去了，我们还没有获得 SARS 疫苗，也没有任何一款针对 SARS 开发出来的特效药。

假设一下，基于 SARS 病毒和新冠病毒生物学特征上的相似，如果当年 SARS 研究再多投入一些，多坚持一些，今天我们应对新冠，是不是就能更踏实一些？

基于这样的理由，我特别希望全球科学界能够以此为戒，在当下，在更长远的未来，哪怕在新冠疫情逐渐被控制之后，我们仍然应该继续投入新发疾病的基础研究、药物开发和疫苗研制，为这种疾病的长期流行或者重新流行做好准备。也许到了那个时候，这种类型的工作将远离公众关注，也享受不到多少鲜花和掌声，但是它们，同样是科学家们的神圣职责。所谓功不唐捐，科学研究的力量有时候恰恰在于，一项看起来没有立竿见影的实际价值的研究，也许会在意想不到的场合大放异彩。

巡山大事记

（2019年11月至2020年10月）

1　对抗亨廷顿舞蹈症的新思路

2019 年 10 月 30 日，来自复旦大学的科学家们在《自然》杂志上发表论文，介绍了一种对抗亨廷顿舞蹈症的新思路[1]。

亨廷顿舞蹈症是一种罕见的遗传疾病，发病率不到万分之一。之所以被叫作"亨廷顿舞蹈症"，是因为美国科学家乔治·亨廷顿（George Huntington）在 19 世纪时，详细描述了这一类病患，发现患上这种病的患者运动功能下降，手脚会出现无法控制的抖动和摇晃。

现在我们知道，患者体内有一个名叫 *Htt* 的基因出现了异常，多出了很多个由 DNA 碱基 C-A-G 组成的重复。C-A-G 三个碱基，对应的氨基酸是谷氨酰胺，代号 Q。因此，*Htt* 基因就会生产出一个含 Q 量特别大的异常蛋白质。这种蛋白质在大脑的神经细胞内会彼此聚集形成沉淀，杀死神经细胞，从而逐渐出现从情绪到智力，从运动功能到说话能力的衰退。

从这个意义上说，亨廷顿舞蹈症虽然发病率不高，但是发病机制和症状，都和其他更为常见的神经退行性疾病，如帕金森病和阿尔茨海默病，有相当程度的相似。

---

1 Zhaoyang Li, et al. "Allele-selective lowering of mutant HTT protein by HTT–LC3 linker compounds," *Nature,* 2019.

根据我的描述你肯定能想到，想要治疗亨廷顿舞蹈症，其实思路是现成的，把那个含 Q 量特别高的异常蛋白质给弄没了，病就治好了。但是说说简单，做起来谈何容易。特别让人挠头的是，这个发生了异常的 *Htt* 基因原本是干啥的？这个含 Q 量高的异常蛋白质又是怎么聚集起来杀死神经细胞的？即便是这些基本的生物学问题，我们仍然没有什么头绪，这就让药物开发变得更加棘手了。

而这一次，复旦大学的科学家们决定干脆绕过这些问题，直接简单粗暴地消灭含 Q 量高的这个坏蛋白。通过大规模筛选，他们找到了一个化学物质。这个化学物质的特性有点像双面胶，能够一头黏住坏蛋白，一头黏住专门负责降解蛋白质的细胞内垃圾处理厂，这样一来就可以硬生生地把坏蛋白拖到垃圾处理厂消灭掉了。他们也证明，在亨廷顿舞蹈症的动物模型上，这种分子双面胶能够有效地改善疾病症状。

不过我还是得强调一下，这项研究主要是证明了这种技术路线的可行性，距离真正用这种分子双面胶来治疗人类患者可能还有一段相当长的距离。比如说，我们总得进一步优化这种化学物质的结合能力，总得在不同的动物模型上证明它的药效和安全性才行吧？当然，考虑到亨廷顿舞蹈症长期以来根本无药可治，我还是相当看好这项技术的应用前景。

在更大的背景上看，利用类似的手段，将特定的蛋白质强行拖曳到细胞垃圾处理厂去降解掉，是最近相当热门的一条药物开发的技术路线。毕竟，异常蛋白质的出现是很多疾病最直接的发病原因。所以，这种简称为 PROTAC 的技术，很可能越来越多地出现在媒体的头条新闻当中。

2

阿尔茨海默病新药上市

2019 年 11 月 2 日，中国药监局有条件批准了"甘露特钠胶囊"的上市注册申请 [1]。这种商品名叫作"九期一"的药物，将被用来治疗轻度到中度的阿尔茨海默病。在全世界范围内，这是 2002 年阿尔茨海默病药物"美金刚"上市之后 17 年里，第一个获得批准上市的阿尔茨海默病新药。

但是在上市新闻传开以后，甘露特钠胶囊收获的不光有欢呼和掌声，还有不少质疑和批评。

欢呼和掌声，当然是意料之中的事情。全世界有超过 5000万阿尔茨海默病患者，整个人类世界，都已经等待太久了。阿尔茨海默病俗称"老年痴呆症"，是一种以大脑神经细胞大量死亡为标志的神经退行性疾病。一开始，患者的主要表现是记忆力下降，特别是越近的事情越记不住。逐渐地，患者会出现语言障碍、容易迷路、情绪无法控制。最终发展到生活彻底无法自理，直到死亡。

这是一种和年龄高度相关的疾病。也就是说，随着全世界范围内的人口老龄化，患者总数会持续快速上升，给患者、患

---

1 https://www.nmpa.gov.cn/zhuanti/ypqxgg/gggzjzh/20191102204301440.html

如何理解一种全新疾病

者家庭、公共卫生系统带来沉重的负担。人类至今为止没有开发出哪怕任何一种能够有效延缓它发病的药物，更别说彻底治好这种疾病了。

与此同时，市面上仅有的 5 种阿尔茨海默病药物，都只有短期改善患者症状的作用——有点类似于吃白加黑改善鼻塞和头痛。更要命的是，即便是改善症状的药物也已经很久没有进展了。刚才说了，上一个药物"美金刚"获批上市，已经是 17 年前的旧闻了。

巨大的临床需求，停滞的药物开发，无数次的失败，这就是阿尔茨海默病药物市场的现状。在这样的黑色背景下，甘露特钠的上市当然会吸引所有人的关注。

这种药物是从一种特殊的海藻当中提取和制备的天然寡糖类分子。根据药物发明人发表的研究论文，它可能是通过影响肠道菌群，起到治疗阿尔茨海默病的作用的。从结构到作用方式，甘露特钠都是不折不扣的源头创新药物——当然，我要再强调一次，这个结论的前提是关于这种药物的信息都真实可靠。

那既然如此，质疑和批评从何而来呢？

反对声音也都有充分的理由——而且很多批评恰恰指向的就是真实和可靠性的问题。

比如说，甘露特钠的开发者上海绿谷制药，历史上是一家做保健品起家的公司，没有任何新药开发的经验。而它们曾经的拳头产品，比如灵芝孢子粉和中华灵芝宝，因为虚假宣传还被央视点名批评过。这样的企业突然拿出了一个重磅新药，确实会让人觉得心里不那么踏实。

还有，有人分析发现，甘露特钠的主要发明人——中科院上海药物研究所的耿美玉研究员所发表的几篇学术论文，其中就包括解释甘露特钠作用机制的论文，存在研究图片重复使用和不当裁剪的问题。我得强调一句，这到底是故意的学术不端行为还是无心之失，仍然需要更深入的调查。但是这个发现本身，也实实在在地加重了不少人对甘露特钠的怀疑。

最后，在几次学术会议上，药物开发者已经公开了甘露特钠的临床研究数据，但是这些数据也引发了不少从业者的质疑。比如不少人怀疑三期临床试验只做了 36 周，是不是太短；没有服用药物的安慰剂组，为什么也出现了病情的缓解；以及为什么只用一个方法检测患者的认知能力；等等。平心而论，这些技术性的批评我认为也是有道理的。

那这样一个让人喜忧参半、将信将疑的全新药物，我们该怎么看待呢？

我个人的态度是：药监局批准上市的决定没有问题，但甘露特钠的实际效果确实还需要更长期、更大规模的检验。

这句话听起来似乎有点自相矛盾。别急，且听我慢慢分析。

先解释我说的前半句：药监局批准上市的决定没有问题。

相比早年上市的阿尔茨海默病药物，比如美金刚和安理申，甘露特钠接受一个 36 周长度的三期临床试验，并非不可接受。因为前两个药物的临床研究，都仅有 24 周长度。在临床试验晚期，服用甘露特钠的患者，相比服用安慰剂的对照组患者，确实呈现出了更好的认知功能。根据这些已经披露的数据，允许甘露特钠上市并没有什么问题。

至于对药物开发者绿谷制药和药物发明人耿美玉的质疑，确实都很重要，也值得调查，但是逻辑上说，这和甘露特钠这种药物是否有效，是完全独立的问题。至少从技术上说，甘露特钠的临床研究数据并不是绿谷制药或者耿美玉亲自获得和分析的。这项临床研究是由上海交大精神卫生中心和协和医院牵头进行的，涉及全国34家临床机构，并由世界最大的临床研究机构IQvia协助完成。如果真的指控临床研究存在疑点，那么显然需要给出更确凿的证据。

我们再来说说后半句：甘露特钠的实际效果确实还需要留待更长期、更大规模的检验。

批准上市，并不意味着药物研发过程彻底结束了。要知道，虽然药物临床研究动辄需要招募几百甚至几千位患者做测试，但是相比真实的人类世界，这点人数还是太少了。当服药人数有几百到几万倍的上升之后，我们会更容易发现这个药物是不是有难以察觉的副作用，是不是真的在广大人群当中仍然有很好的疗效。所以，一个药物上市后，药物开发者仍然需要对它进行长期和严密的追踪。

而对于甘露特钠来说，这个要求就显得更加关键。毕竟这种药物到底是怎么发挥作用的，至今仍然不清楚。比如说，它到底是在人脑里工作，还是通过改善肠道菌群发挥作用，药物发明人也曾经给出过自相矛盾的解释。而且对于像阿尔茨海默病这样的慢性疾病，患者往往需要持续服药几年甚至几十年，因此对药物的安全性和药效就有着更加严苛的要求。

当然，你可能会进一步追问，既然存在这些顾虑，那干吗不等子弹再飞一会儿呢？过几年，等数据更多了再批准上市不行吗？

这就涉及另一个问题了：疾病研究和药物开发，人命关天，当然是一个非常讲究数据严谨性的工作，来不得任何弄虚作假。当药厂开发出了一种药物想要提交药监局批准销售的时候，它们也得靠数据说话。

但是反过来说，批准一种药物上市，却不仅仅是纯粹的科学问题。一种药物的上市，需要真的能够解决临床需求，需要保证医保开支的可持续性，需要考虑市场上是不是已经有足够多的药物可以选择，甚至还需要考虑广大人群的药物使用习惯，甚至是生活习惯。所以，监管机构往往需要在确保数据质量的基础上，再衡量许多利益相关方的不同诉求——包括医保机构、医院、药厂、患者、患者家属等，最后做出决定。

比如说，如果一种疾病根本无药可治，那么一个药物只要有那么一丁点儿效果，监管机构可能就会批准它上市，而且还可能开绿色通道加速批准。而如果一种疾病已经有好多备选方案，那么监管机构可能就会对新药提出更高的要求，比如你得证明你的药物比现有的药物更好才行。这样的多方权衡，在药物开发史上是非常常规的操作。

很显然，阿尔茨海默病面临的就是这么一个疾病持续高发，但是始终缺乏有效治疗手段的现实。说白了，既然甘露特钠的临床数据说明它的安全性没问题，也确实有疗效，那么允许它上市可能是多方受益的理性决定。毕竟研究开发可以持续进行，但是患者不能等啊。

可能也是基于这些考虑，国家药监局同时要求，该药上市后申请人应继续进行药理机制方面的研究和长期安全性、有效性研究，按时提交有关试验数据。换句话说，药监局给出的是一个有条件放行的通知：药物可以上市，但是请在规定时间内给我更全面的数据证明它真的是好药，否则，我可能随时会让你退出市场。

而我个人的态度也是如此：先不着急站队，保持警觉和谨慎乐观，把对甘露特钠的判断留给未来。

3 中国本土研发的药物获得FDA批准

2019 年 11 月 14 日，美国食品药品监督管理局（FDA）通过优先审评程序，正式批准了百济神州公司开发的抗癌药物泽布替尼（zanubrutinib）在美国上市销售[1]。2020 年 6 月，这种药物也被中国药监局批准上市[2]。这种药物将被用来治疗一种叫作"套细胞淋巴瘤"的罕见血液肿瘤。在美国，大约每十万人当中，每年会出现一个这种疾病的患者。在中国，这种疾病的发病率要比美国低，每年新发病例约为 2500 人。

你可能会觉得有点奇怪：每年全世界都得有十种甚至更多的抗癌新药上市，其中不乏像 O 药（Opdivo）和 K 药（Keytruda）这样能够应用在多种癌症类型上面，足以造福超过几十万癌症患者的重量级药物。一个只针对罕见肿瘤的新药，好事固然是好事，有什么必要专门在《巡山报告》里讨论呢？

这是因为泽布替尼的开发者——百济神州，是一家成立于 2010 年，总部位于中国北京的药物研发企业。泽布替尼是这家

---

1 https://www.fda.gov/drugs/resources-information-approved-drugs/fda-grants-accelerated-approval-zanubrutinib-mantle-cell-lymphoma

2 https://www.nmpa.gov.cn/zhuanti/ypqxgg/gggzjzh/20200603142601344.html?type=pc&m=

公司成立以来第一个开发成功、获得上市许可的药物。而这种药物的早期开发工作，以及大部分的人体临床研究，也都是在中国本土完成的。

一家中国本土医药公司，在中国本土的实验室里开发出一种新药，在中国的医院里完成了严格的临床测试，最终把所有的数据汇总提交后，获得了全世界可能最为严苛的药品审查机构的绿灯放行，得以在全世界最为重要的医药市场上销售。这样的事情还是有史以来第一次发生。

这标志着中国本土的医药研发企业，正式开始成为世界创新医药市场上的玩家。

这可是一个总规模超过三万亿美元的巨大市场。类比一下，有点像中国的长征火箭拿到了美国卫星的商业发射合同，像中国的 C919 大飞机拿到了欧美市场的适航证，像丰田公司的电动车装上了宁德时代和比亚迪公司的电池。

这就是为什么我们要在《巡山报告》里好好聊聊这件事的原因。

其实，中国企业一直都在世界医药市场上占有重要地位。但它们主要占据的是产业链比较低端的位置。比如说，中国是全世界原料药出口的第一大国。中国有超过 8000 家原料药生产企业，全世界原料药行业前十名的企业当中，中国占据了六个。全世界主要的制药公司要生产药物，都得从中国进口大量的原料药，然后再利用各自的独门工艺加工成能够给患者使用的药片、药丸、注射剂。但是，原料药生产总体是一个技术门槛不高、利润空间不大，而且对环境存在严重污染的行业。

还有，中国还是仿制药的重要生产大国。当一家医药企业开发的药物，过了 20 年的专利保护期之后，其他药厂就可以参照这些药物，生产出质量和药效完全一致的产品。这就是所谓的"仿制药"。可想而知，相比开发一种新药，仿制药生产的研发成本和技术门槛要低得多。与此同时，因为没有专利护城河，仿制药行业整体是一个玩家众多、利润微薄的红海市场。中国的数千家仿制药企业，也长期被困在低水平仿制和价格混战当中。

就像电子产品产业链的顶端是 CPU，汽车产业链的顶端是发动机一样，医药产业也有一个公认的顶端，那就是所谓的"创新药物开发"——医药企业从无到有发明一种化学结构全新的药物，去帮助解决一个尚未得到彻底解决的人类疾病，然后在 20 年专利保护期内享受独占市场的巨大红利。

想要真正开发一种创新药物，谈何容易。从原料药、仿制药到创新药，虽然听起来都是"药"，但是对产业能力的要求相差了几个数量级。

前者只需要根据客户的要求或者市场上现成的药物，合成出相应的化学物质，保证基本的物理化学性质，就可以了。而后者需要建设整个新药研发的全部流程：从最早的生物学基础研究，到化学合成和化学筛选，到药物代谢和动力学检验，到各种动物模型的验证，再到不同阶段的人体试验，最后才能把所有资料呈现在监管机构面前争取获得上市批准。

与此同时，FDA 又是全世界公认的标准最严苛的药物监管机构。学会和 FDA 打交道，理解 FDA 的工作流程和审查标准，本身也是一个非常困难的任务。

因此，从这个意义上说，不管泽布替尼这种药物到底解决了多大的临床问题，百济神州能够从无到有的把一个创新药物做出来、送上市，就已经是一个历史性的成就了。它意味着中国本土的医药企业，有能力建设一条完整的创新药物开发产业链。

百济神州的成功经验，也会鼓舞更多的本土医药企业向产业链高端发展，推动中国医药产业的现代化和国际化。我甚至猜想，也许百济神州所有参与过泽布替尼研究、开发和上市环节工作的雇员，都会成为全国医药企业挖脚的对象。

当然了，关于这个历史性突破，我还有些多余的话想说。

中国药物的出海之路看起来正在徐徐展开，在百济神州的泽布替尼之外，还有几个创新药物正在排队等待 FDA 的审查，比如百济神州还有另一个创新癌症药物帕米帕利（pamiparib）正在等待审查，荣昌生物制药开发的红斑狼疮药物 RC18 也是如此。创新药物开发是有一套成熟的系统在的，而我们中国显然不缺乏学习和适应能力。

但是大部分中国企业开发的创新药物，其实距离真正的源头创新，还差了那么一口"气"。

就拿百济神州的泽布替尼来说，这种药物能够结合人体当中一个叫作 BTK 的蛋白质，抑制 BTK 的活动，起到治病的作用。

而泽布替尼已经是全球第三个上市的 BTK 抑制剂类型的药物了。换句话说，泽布替尼当然是不折不扣的创新药，但是却不是一个开创全新治疗方向的源头创新药（first-in-class drug）。在百济神州开始泽布替尼开发的时候，实际上还是有先例可以学习模仿的，这当然会大大节约百济神州的开发成本和研发资源。

请注意，我并不是说只有源头创新的药物才是最好的。实际上在医疗实践当中，医生和患者们才不会在意同类药物当中谁是第一个上市的。谁卖得便宜，谁的药效好，谁的副作用少，就吃谁的。但是对于旨在建立完整的新药研发系统的我们中国来说，这种开发源头创新药的能力也确实是必不可少的。最简单的，要是某些疾病是中国人特有的或者特别高发的，其他国家的医药公司对此不感兴趣，那最后不还得我们自己的研究机构和企业实现从 0 到 1 的这个步骤吗？

雄关漫道真如铁，百济神州走出了非常重要的第一步。

4

中国科学家发现罕见遗传病的全新致病基因

你可能对所谓遗传病的概念并不陌生。

从受精卵形成那一刻起，我们每个人体内都携带了一份来自父亲和母亲的遗传物质，由 23 对染色体、30 亿碱基对构成的基因组 DNA。伴随着受精卵的持续分裂，基因组 DNA 也被反复复制，传递给每一个人体细胞。在这个过程里，基因组 DNA 上面的信息被极其精确地复制和传递，错误率只有十亿分之一（也就是每复制 10 亿个碱基对才会有一个错误）。这种极度的精确保证了所有人体细胞共享一份近乎完全一致的遗传信息密码本，并且能够在它的指导下，精确地执行各种人体生理功能。我们的身高、发色、血型、智力、情绪、价值观，每个人的独特特征，在很大程度上都受到了这一套遗传物质的深深影响。

但凡事都有正反两面。既然基因组 DNA 的序列信息对于人体的正常功能如此重要，万一在受精卵形成和之后持续分裂的过程里，因为这样或者那样的原因，基因组 DNA 上某个特定的基因位点出现了复制错误，可能就会严重影响人体的某个重要功能，导致严重的疾病。这就是先天遗传疾病的由来。有些时候，孩子的父亲母亲已经携带了足以致病的基因变异，并且把它们遗传给了孩子；在另外一些时候，父亲母亲可能一切正常，但是在受精卵形成、胎儿发育的某个时候，出现了一个新的基因变异，也能导致疾病的出现。

你可能已经从课本、电视剧和文学作品里听到过不少遗传疾病的名字，比如血红蛋白基因变异导致的镰刀型细胞贫血症和珠蛋白生成障碍性贫血，葡萄糖-6-磷酸脱氢酶基因（G6PD）变异导致的"蚕豆病"，由 COL1A1 和 COL1A2 等基因变异导致的先天性成骨不全症（也叫"瓷娃娃"病），都是广为人知的遗传病。

遗传病本身并不罕见。有人估计有超过 6000 种不同的遗传病，多达 10% 的人类个体携带这样或者那样的先天遗传缺陷。但具体到一种特定的遗传病（比如蚕豆病和瓷娃娃病），发病率则要低得多，只占到总人口比例的几千分之一甚至更少，某些特别罕见的遗传病，只有零星的病例。

有一个有点违反直觉的问题是，虽然遗传病罕见且痛苦，但是如果一旦搞清楚了它的致病机制——也就是什么基因发生了什么变异、又是如何因此导致了疾病——就可能直接指导人们研发出治疗方案。这里的原因也不难理解，既然能够明确是特定基因缺陷导致的疾病，那么如果能把这个缺陷给"补回去"，也许是生产出患者体内缺失的蛋白质分子注射回去，也许是用基因治疗的方法纠正出现错误的基因，又或者是有的放矢地用药物逆转基因缺陷的影响，往往就能立竿见影地治疗疾病。

但是长久以来，在这个重要的，而且和人类健康息息相关的领域，中国科学家的存在感不算很强，已知的人类遗传病缺陷基因当中，中国科学家的贡献屈指可数。甚至有人说，已知的超过 6000 种遗传病，没有任何一种是中国人发现和命名的。

2019 年 12 月 12 日，浙江大学生命科学研究院周青研究员在《自然》杂志发表了一篇论文，为一种罕见遗传病找到了一个全新的致病基因，还因此为治疗这种疾病找到了新的方案[1]。在这个重要的研究领域里，我非常开心地看到了中国科学家的重要贡献。

周青实验室专注研究的是一类叫作"自身炎症性疾病"的罕见遗传病。这类疾病的症状主要是长期的、周期性的发热，往往还有身体不同器官的炎症反应，如关节炎、皮疹、淋巴结肿大、颅内钙化等。可想而知，这类患者的生活是很痛苦的，而且因为症状不太典型，经常会被误诊成各种细菌病毒感染，还会耽误治疗。

2018 年，周青差不多同时收到了两份自身炎症性疾病患者的样本，一份来自复旦大学附属儿科医院收治的一位 2 岁小病号，一份则来自加拿大的一家四口，母亲和自己的三个孩子。周青仔细分析了这五位病号的基因组 DNA 序列，发现很巧的是他们居然都在同一个基因的同一个位置出现了缺陷。这个基因名叫 *RIPK1*，恰恰也确实是一个和身体免疫功能相关的基因。这样一来，一个很自然的假说就浮出水面了：是不是 *RIPK1* 基

---

1 Panfeng Tao, et al. "A dominant autoinflammatory disease caused by non-cleavable variants of RIPK1," *Nature*, 2020.

因的缺陷，让人体免疫系统过度活跃，导致了自身炎症性疾病呢？

在后续的研究中，这个假说在人体细胞和小鼠模型中都得到了验证。*RIPK1* 这个基因本身的功能是促进人体免疫反应、对抗外来入侵者。但是我们也能想象，人体当然不希望自身的免疫反应太强，强大到反噬自身的地步，因此对免疫系统的活性也有相应的刹车机制。当 *RIPK1* 的功能太强，人体会动用一把叫作 caspase-8 的剪刀，把 *RIPK1* 从中间一刀剪碎，阻止其发挥功能[2]。周青他们发现，这五位患者携带的基因变异，恰好出现在一个特别关键的位置上——正好是 caspase-8 剪刀切割 *RIPK1*，给它踩刹车的地方！这样一来，为什么这些患者会出现严重的自身炎症反应，原因也就昭然若揭了。

更重要的是，周青他们还发现，当 *RIPK1* 过度活跃时，人体免疫系统会释放一个名叫白介素-6（IL-6）的炎症因子，进一步推波助澜，激发全身性的炎症反应。而根据这个发现，医生也证明，给上海那位 2 岁的患儿使用药物，压制白介素-6 的功能，真的就能很好地控制它的自身炎症性疾病！

这当然是一项非常精彩的研究，也是一个科学发现快速应用于临床的好案例。我们经常说，每一个罕见遗传病患者，都是一个折翼的天使。但他们同时也可能是拯救世界的英雄，因为针对罕见病的研究，除了能够直接揭示罕见病的发病原因之

---

2 Kim Newton, et al. "Cleavage of *RIPK1 by caspase-8 is crucial* for limiting apoptosis and necroptosis," *Nature*, 2020.

外，很多时候还能帮助我们了解人体基因的功能，探索更多常见疾病的发病机制。考虑到中国庞大的人口基数，我相信中国人群里一定还隐藏着大量尚未被发掘、研究和治疗的罕见遗传病案例。非常期待有更多的中国科学家投入到这项事业中去。

5 全新食物逆转2型糖尿病

2019 年 12 月 19 日，英国纽卡斯尔大学的科学家罗伊·泰勒（Roy Taylor）和他的合作者们，在国际学术期刊《细胞代谢》上发表了一篇论文，为逆转和治愈 2 型糖尿病提供了全新的解释，指明了全新的方向[1]。

2 型糖尿病，是一种不折不扣的世界性流行病。全世界有 4.25 亿人被这种疾病困扰，每年有超过 400 万人死于糖尿病引起的各种并发症。在中国，2 型糖尿病患者超过 1.1 亿人，每年和糖尿病相关的医疗支出超过 6000 亿元人民币。

但与此同时，2 型糖尿病又是一种一旦患上，就几乎不可能逆转和治愈的疾病。只有少数风险较大的治疗方案，比如切除部分胃肠道器官的减肥手术，似乎有一些逆转的效果。对于绝大多数 2 型糖尿病患者来说，他们能做的仅仅是严格控制饮食，保持规律运动，使用药物控制血糖，来控制和延缓疾病的进展。可想而知，这种没有回头路可言的疾病，对于患者本人、患者的家庭，乃至整个公共卫生系统，都是沉重的负担。

但是在过去几年，有一项研究在严肃地挑战这个传统认知。

---

1 Ahmad Al-Mrabeh, et al. "Hepatic Lipoprotein Export and Remission of Human Type 2 Diabetes after Weight Loss," *Cell Metablism*, 2020.

2018 年，英国的一群科学家发表了一项相当激进的临床研究[2]。他们召集了几百位 2 型糖尿病患者，让他们停止正常饮食，改吃一种专门设计的、热量极低的食物，连续吃 3~5 个月。其实严格说起来，应该叫"喝"这种食物才对。因为这种食物是科学家们用脱脂奶粉、大豆蛋白和人工甜味剂调制出来的，类似奶昔一样的饮料，然后再人工添加一些维生素和微量元素。这些糖尿病患者们每天就靠四大杯这样的饮料维生，别的任何食物都不碰。每天，他们大概会摄入 800 卡路里（约 3349 焦）的热量。这个数字只有正常人饮食的 1/3 左右。

但是这种激进的措施，却取得了惊人的效果。

科学家们发现，这些糖尿病患者们平均瘦了 10 千克。与此同时，他们的糖尿病症状也得到了大幅度的改善。有接近一半人的糖尿病被彻底逆转，不光血糖指标恢复了正常，而且也不再需要服用任何糖尿病药物。而且，科学家们还发现，治疗糖尿病的效果，似乎和减肥效果是直接相关的。比如说，减肥超过 15 千克的人，接近 90% 的告别了糖尿病；相反，如果体重没有减轻，或者减轻幅度不到 5 千克，那么逆转糖尿病的比例就非常低。

之后，到了 2019 年年中，同一群科学家再次分析了这些患者，发现至少在试验完成 2 年后，减肥和逆转糖尿病的效果仍

---

2 Roy Taylor, et al. "Remission of human type 2 diabetes requires decrease in liver and pancreas fat content but is dependent upon capacity for b cell recovery," *Cell Metabolism*, 2020.

然保持得不错。

但是，问题并没有完全被解决：我们早就知道，肥胖是导致糖尿病的重要风险因素之一，因此减肥能够对抗糖尿病并不太让人吃惊。可为什么这种激进的减肥手段能够取得前所未有的成就，不光能够对抗和控制糖尿病，还能彻底逆转和治愈它呢？

这里提到的这项研究，就是在试图回答这个问题。

这项由罗伊·泰勒领导的研究，详细研究了三组不同的人。他们分别是，喝上面提到的特制饮料减肥成功，并且疾病消除的糖尿病患者；喝特制饮料仍然无效的糖尿病患者；以及喝特制饮料减肥成功、疾病治愈，但之后又因为种种原因体重反弹、糖尿病复发的患者。通过比较这三群人的各种生物学指标，研究人员提出了一个相当有说服力的解释。

他们认为，在肥胖人群中，肝脏会生产太多的脂肪分子，并通过血液运往身体各个器官。因此，大量的脂肪会进入人体的胰腺部位，堆积和储存起来。而胰腺存储过多的脂肪，最终会破坏胰腺 β 细胞的功能，导致胰岛素系统失灵，糖尿病出现。在喝特制的饮料成功减肥之后，肝脏的脂肪合成、血液的脂肪运输、胰腺的脂肪堆积三个指标同步降低，胰岛素系统因此就恢复了功能。而如果一个人的身体重新增肥，三个指标又会同步上升，导致糖尿病卷土重来。

如果这项全新研究得到更广泛的确认，那么人类就终于获得了一种全面和彻底解决 2 型糖尿病的方案。而且这个方案还相对简单易行，任何一个基层诊所都可以在简单培训之后开展实施。这对于中国这样的糖尿病大国，同时又是公共卫生系统相对薄弱的国家来说，是一个天大的好消息。

当然了，我还是得提醒你注意，中国人的糖尿病似乎有与众不同之处，可能不能百分之百照搬西方世界的经验。

比如说，在中国的糖尿病患者中，有相当大比例的人并不肥胖。科学家们分析，这些人的糖尿病，可能更多和中国人的饮食结构有关，比如过多的碳水化合物，特别是精制淀粉的摄入。因此，当引入新的糖尿病治疗手段的时候，这些差异也必须得到严肃的对待和审慎的处理。

6　器官移植的新方向

　　对于很多有严重疾病的患者来说，器官移植是他们最后的生存希望。全世界每年会进行超过 10 万次器官移植手术，移植的器官包括肝脏、肾脏、骨髓、眼角膜、皮肤、心肺、胰岛等。但是即便如此，对于急需器官移植的危重患者来说，等待和失望几乎是他们的宿命。全世界每天有 18 人，在等待器官的过程中死亡。在中国，器官移植的供需比例是让人绝望的 1∶30。

　　因此，摆脱对器官捐献者的依赖，利用生物学知识，在实验室里从无到有地创造出适合移植的器官，是生命科学非常重要的研究方向。

　　在过去这一年，在这个方向上，有两项来自中国的研究非常值得一提。

　　第一项研究，发表于 2019 年 12 月 19 日[1]。这项工作是由杭州的一家生命科学技术公司——启函生物——完成的。这家公司的联合创始人，是两位大有来头的人物——美国哈佛医学院的教授、基因编辑技术的领导者之一乔治·邱奇（George Church）和他的博士研究生杨璐菡。而这家公司的愿景，也确

1　Yanan Yue, et al. "Extensive mammalian germline genome engineering," *bioRxiv*, 2019.

实非常惊人。他们希望改造猪的基因组，让猪的器官变得适合人类使用。如果这个目标可以实现，那么器官移植将会彻底告别来源的约束。

让猪的器官适合人类使用，可想而知，是一个非常艰难的任务。在猪的基因组 DNA 上，残留着一大批入侵病毒的 DNA 序列。这些被称为"猪逆转录病毒"（PERV）的 DNA 序列，也许会对人构成威胁。而且，让猪的器官在大小和结构上进一步接近人，也并不容易。更不要说，怎么保证猪的器官进入人体之后不会引发剧烈的排异反应，这是一个巨大的考验。

早在 2017 年，杨璐菡和邱奇已经利用基因编辑技术，一次性地祛除了猪基因组上全部的 62 个猪逆转录病毒残留，扫清了猪器官移植的一大技术障碍。

在过去的这个月，他们又发表了更进一步的研究成果——利用基因编辑技术，不光扫除了病毒残留，移除了猪细胞里几个可能会引起排异反应的蛋白质分子，还把几个帮助降低排异反应的人类基因放进了猪的身体里。这些操作看起来确实降低了器官移植中可能出现的排异反应，距离让猪的器官进入人体又大大前进了一步。

当然，经过这些遗传改造的猪器官是不是真的具备了临床应用价值，还是个未知数。这家公司目前正在测试将这些猪器官移植到猴子身体里，观察后续的反应。考虑到猪和人类之间相当巨大的遗传差别，如果我们想要获得更像人的猪器官，更多的基因编辑改造仍然是必需的。

想要创造合适移植的器官，把猪的器官改造得更像人，是一个很好的思路。但与此同时，还有一个相反的思路其实也很有希望，那就是——干脆在猪的体内生长出一个完整的人类器官来。

这就是所谓的"人兽嵌合体"的研究。简单来说，科学家们可以把人的干细胞，像种子一样放进动物的胚胎里，让它伴随着动物的生长发育同步长大，最终形成一个彻头彻尾的人类器官。

我们去年的《巡山报告》，就曾经提到过一项类似的研究——日本科学家把小鼠的干细胞，注射到天生没有胰腺的大鼠胚胎里，最终就获得了一只身体里长着一颗完整小鼠胰腺的大鼠。可以设想，如果把作为器官载体的大鼠换成猪，把小鼠的干细胞换成人的干细胞，是不是就能通过这个方法，获得一个人类的完整胰腺，然后移植给晚期的糖尿病患者呢？

当然，这个思路目前还没法成功实现。不光技术上有障碍，行业规范和伦理约束也不允许我们随随便便在动物体内培养一个人的器官。

但是，就在 2019 年 11 月 28 日，一群来自中国科学院的科学家发表了一项研究：他们创造了两只猪-猴的嵌合体，这两只小猪体内，携带着一部分猴子细胞[2]。

当然，这项研究也有它的问题。

特别是在目前的技术水平下，科学家们虽然能把猴子细胞

2　Rui Fu, et al. "Domesticated cynomolgus monkey embryonic stem cells allow the generation of neonatal interspecies chimeric pigs," *Protein Cell*, 2020.

放进猪的胚胎里，但是其实还没有能力精确地控制这些猴子细胞的数量和位置，更不要说指导它们在猪的身体里长出一个完整的猴子器官来。实际上，在这两只小猪体内，只有差不多1/1000 的细胞来自猴子，而且分散在身体各个部位。这个比例，显然还是太低了。还有，这两只小猪虽然顺利诞生，但是在一周后就死亡了。是不是因为猴子细胞死亡的，仍然不得而知。

但是你完全可以设想，如果猪-猴嵌合体能够逐渐完善，那么猪-人嵌合体也就不远了。到那个时候，器官移植将会变得更加安全和方便。毕竟这些嵌合体动物身体里的器官，可是百分之百由人类细胞构成的。

而且不知道你想到没有，我们这里提到的两个方向的研究，在未来还有融合在一起的机会：一方面，我们可以通过基因编辑，让猪的身体结构和遗传物质更适合人类器官的生长；另一方面，我们可以通过猪-人嵌合体的工作，让人类的完整器官在这些猪的体内顺利发育。双管齐下，也许最终会帮助我们彻底解决器官移植的大难题。

当然，不管是把猪的器官改造得更像人，还是把人的器官栽种到猪体内，除了技术障碍之外，也确实存在不少伦理方面的争议。可能我们最终不得不面对的一个问题是，如果通过这两个办法，让动物体内有一颗人的大脑该怎么办？我们需要现在就未雨绸缪地禁止这种操作吗？我们会创造出有智慧的生物吗？这些都是值得考虑的问题。

7 贺建奎被追究刑事责任

2019年12月30日，备受关注的"基因编辑婴儿"案件，在深圳市南山区人民法院一审公开宣判。根据新华社的报道，贺建奎等3名被告人，因共同非法实施以生殖为目的的人类胚胎基因编辑和生殖医疗活动，构成非法行医罪，分别被依法追究刑事责任。其中，"基因编辑婴儿"事件的始作俑者——贺建奎，被判处有期徒刑三年，并处罚金人民币三百万元。

这条新闻，像是一个轮回的结束。

2018年11月26日，时任南方科技大学副教授的生物学家贺建奎向全世界宣布，他利用一种名叫 CRISPR/cas9 的基因编辑技术，修改了一些人类胚胎当中一个名为 CCR5 的基因序列，而且，两位接受了基因编辑操作的人类女婴"露露"和"娜娜"已经诞生。贺建奎宣称，他进行这项操作的目的，是为了创造天生对艾滋病病毒免疫的孩子，帮助这些孩子摆脱被艾滋病威胁的命运。

然而，和贺建奎的最初料想大不相同的是，"基因编辑婴儿"招致了全世界科学共同体和监管部门的猛烈批评。人们普遍认为，这项操作的好处非常可疑，反而给被试者造成了完全不必要的健康风险，违背科学研究和医学的基本伦理要求，"完全可以用疯狂来形容"。针对这件事,我也在第一时间做过专门解读。

在那之后,贺建奎在公众视野中彻底消失,但更多的细节逐渐浮出水面。比如说,贺建奎的"基因编辑婴儿"项目,很可能受到了几位美国科学家的支持和协助;他很可能对参与这项研究的受试者施加了威胁和利诱;他的基因编辑操作,也很可能根本就没有实现它宣称的精确编辑基因的效果,反而可能对这几位人类婴儿的遗传物质造成了意外破坏。

一个有意思的细节是,在2018年11月26日当天,贺建奎的百度搜索指数,数十倍于人们耳熟能详的"国民科学家"——袁隆平和屠呦呦。

跨越地域和圈层,贺建奎以一种戏剧化的方式,将人为修改人类基因、定制乃至设计人类婴儿,这种可能彻底改变人类世界的技术,呈现在全体中国人面前。对于习惯于享受高科技带来的发展红利,习惯于把科技看成是光明未来和解决方案的这一代中国人来说,这可能是他们第一次感觉到技术进步的黑暗一面。

对我自己来说,其实也就是在"基因编辑婴儿"事件之后,我开始认真考虑为大家持续追踪生命科学的最新进展,把这门科学的光明、黑暗和争议剖析给大家。这其实就是《巡山报告》项目的初心。

在一年多之后,"基因编辑婴儿"案件一审宣判。中国政府以追究刑事责任的方式,表达了自己对这一事件的态度和立场。

我必须得说,"非法行医罪"的判决,可能是无奈之举。我们当然需要对这种无视科学和医学伦理、无视受试者健康和尊严的行为，做出严厉惩处。但是与此同时，现有的法律条文中，又没有明文禁止对人类个体的遗传物质进行修改。只有一些相关部委的管理规范可以作为依据，比如卫健委发布的《涉及人的生物医学研究伦理审查办法》、科技部和卫生部颁发的《人胚胎干细胞研究伦理指导原则》。这些条例要么年代久远，要么立法规格不高，权威性不足。

法律条文的更新，往往滞后于科学技术的发展和社会规范的演化。这其中的矛盾在科技飞速发展，特别是涉及人体的生物医学研究飞速发展的当今世界，显得异常突出。以对人类胚胎进行基因编辑为例，世界上确实有部分国家已经对此立法禁止，比如法国、德国、加拿大。但是同时，也有很多大国没有明确的法律条文加以禁止，包括美国、英国和中国。这几个国家也恰恰是相关科技研究最活跃的国家。

实际上，我们也能想象，就算所有国家同步对此立法，这些法律条文也很难预测和覆盖日新月异的新技术迭代。而如果出台一系列措辞模糊的法律加以笼统的限制，又可能会干扰科学探索的自由。在这个科技爆炸的时代，各国政府、公众及其法律和道德体系，如何应对各种可能会改变人类世界的科学发现和技术发明，将会是一个持久而艰难的命题。

我们说回基因编辑婴儿的问题。

套用丘吉尔的名言，贺建奎被判刑并不是结束，这甚至不是结束的开始，充其量，只是开始的结束。

来自全球科学界的愤怒声讨，来自中国管理部门的强烈谴责，还有贺建奎等人将要面临的严厉惩罚，也许足以警示后来者。但是由贺建奎亲手开启的全新历史，却再也无法抹掉重来。

贺建奎以一种小丑的姿态，展示了基因编辑技术被滥用可能带来的后果。但是在善良和理性的人手中，这项技术也同样能够展示巨大的创造力。改良农作物、辅助药物开发、治疗遗传疾病、创造全新的癌症疗法、诊断和治疗感染性疾病、人造器官、再生医学、抗衰老，甚至是延年益寿……在所有这些具体的技术领域，基因编辑技术都有广阔的舞台。

即便是改善人类自身、设计下一代婴儿、创造超级人类个体，这样听起来让人毛骨悚然的应用前景，在基因编辑技术充分改良、监管和伦理与时俱进的条件下，也并非全然没有可想象的空间。毕竟，我们人类其实早就开始用自己的智慧对抗自然选择的力量，改善自身的生存和健康条件了。比如说，我们发明了抗生素，杀死致命的微生物；我们用心脏起搏器，来修复心脏的功能；还有，像避孕套、试管婴儿和产前检查技术，更是早就开始帮助我们调整和改善人类生育繁衍的天然节奏。

那么，下一步，会不会就是基因编辑？

当然，我必须承认，和所有这些技术不同，针对人类遗传物质的操纵技术，将会对人类世界产生真正深远的影响。比如说，它会不会从根子上改变人类的定义，彻底剥夺我们子孙后代对自己生活方式的选择权？它会不会让一部分人的孩子从受精卵时期就赢在起跑线上，塑造永恒的社会不平等？它会不会破坏人类遗传物质的多样性，让我们对未来可能降临的灭顶之灾毫无抵抗力？

这些问题，我不知道答案。而且我相信，没有任何人有现成的答案。

但是恰恰因此，我们需要持续的关注，我们需要广泛的讨论，我们需要在支持科学技术发展的同时，思考这些科学技术的潜在影响，并且做好制度上、观念上和文化上的准备。

8   "院士学术造假"事件再起波澜

2019 年 11 月 14 日，在著名的学术交流平台 Pubpeer.com 上，微生物学家、美国著名的学术打假人士伊丽莎白·比克（Elizabeth Bik）发文指出，中国工程院院士、南开大学校长曹雪涛发表的几篇论文，存在图片重复使用和拼接等可疑迹象。她的发声引发了连锁反应——在短短几天内，有多达 64 篇曹雪涛署名的学术论文被人指出可能存在类似问题。

11 月 18 日，曹雪涛本人在 Pubpeer 网站上正式对比克的指控做出回复，感谢对方对学术诚信问题的关注，表示已经开始对存在问题的论文开展自查，并承诺将会采取措施积极解决问题。在信中，曹雪涛还表示，自己对相关论文的科学结论仍然保持自信，但同时也对实验室管理方面出现的问题表示心情沉痛和道歉。

随后，几位曹雪涛实验室相关论文的作者，也在网站上对一些指责进行了回应，并且提供了一些原始数据资料，帮助澄清了一些质疑，也公开承认了部分论文确实出现了重复使用图片的错误，已经联系杂志社进行更正。

我在第一时间仔细阅读了围绕这 64 篇论文的指控和讨论。我的看法是——有相当一部分指控看起来比较随意，不足以说明数据确实存在问题；但是，至少有十几篇论文的图片确实存在明显的问题，比如不同的实验条件下展示的是完全一样的细胞显微图片。更重要的是，其中有几篇论文的问题看起来是相当明确的故意造假，比如一张图片经过旋转、剪切之后在另一个地方当成新图继续使用，或者本应是完整的图片却存在明确的拼接痕迹，等等。

在此之后，中国工程院、教育部等机构公开表态将进行调查。截至 2020 年底，官方调查结果如何我们还不得而知。但是 2020 年 6 月 26 日，一个新进展出现了——

国际著名的学术期刊《生物化学杂志》(JBC)公开发布了对 12 篇学术论文的正式关注，警告读者这些论文中的数据和结论可能存在问题，杂志社正在进一步调查。请注意，所有这 12 篇论文都来自曹雪涛实验室，其中相当部分在 2019 年底已经被人指出可能存在造假问题[1]。

一本学术期刊，一次性对同一个实验室的 12 篇论文提出关注，这件事就算不是前所未有，也是非常罕见，至少我没有听说过先例。

当然，咱们要提醒一句，这件事本身并不能说明曹雪涛实验室的论文确实存在造假行为。要知道，造假在科学研究领域是一个异常严厉的指控，一旦坐实，当事者几乎不会再有在学术界容身的机会，甚至会被追究刑事或民事责任。因此，要证

---

1 https://www.jbc.org/site/misc/expression_of_concern/cao.xhtml

明这些论文存在伪造、歪曲、改变真实实验数据的行为，需要非常扎实的证据。

在我看来，即便曹雪涛本人并未直接参与造假行为，但同一个研究组如此频繁地出现学术诚信问题，曹雪涛作为实验室负责人，当然无法逃避责任。

要知道，曹雪涛可不是一般的科学家。他是中国生物医学领域绝对的领军人物之一。41 岁当选中国工程院院士，历任中国医学科学院院长、协和医学院院长、南开大学校长等职务，也是中国大陆极少数进入世界顶级学术期刊编委会的科学家之一。在事发之前，曹雪涛是很多青年科学家和学生心中的科学家偶像。

而在曹雪涛之外，我们也看到，论文造假这样的学术不端行为正在成为中国乃至全世界学术研究领域的毒瘤。在国际上，著名的黄禹锡造假事件、小保方晴子造假事件、哈佛大学心脏干细胞研究丑闻，都引起了学术界震动。在中国，仅在过去几年当中，河北科技大学韩春雨的基因编辑技术造假事件、武汉大学李红良的论文造假风波等，都吸引了全社会的注意。

面对这样的局面，我们可能不得不追问，为什么？为什么天然就在追求客观真理的科学研究事业，居然成了造假的重灾区？

这里面可能有两个隐秘而关键的原因。

第一个原因，是科学研究的监察机制，已经远远落后于时代了。

科学研究是天然带着点"贵族范儿"的事业。一个特别明显的标志，是成员间的相互信任——科学家们一般默认，同行们发表的研究数据总是真实可靠的，自己可以在此基础上追问新的问题、开展新的研究。这是科学发现能够有效交流，科学事业得以持续进步的基础。你想，如果科学家之间没有这种基本的相互信任，看到别人的研究成果必须先验证一番才能相信，那科学研究的效率可能就会低得无法忍受了。

在古代，一般是衣食无忧的僧侣、贵族和官员才会在业余时间做点科学探索。这些业余科学爱好者确实没有什么强烈的造假动机。所以在科学诞生之后几千年的时间里，这种基于相互信任的"荣誉系统"，工作得相当不错。

但是，在近代，特别是第二次世界大战之后，世界各国都出现了一大批以科学研究为职业的科学工作者。这些人接受了正统和严肃的科学训练之后进入学术界，把从事科学研究当成了谋生的饭碗。我自己其实也是这样的职业科学家。

科学职业化本身当然是大好事，它让越来越多的人有条件从事科学研究这份其实有点奢侈的职业，也推动了近代以来科学技术的飞速进步。但是请注意，一直到现在，科学研究的监察机制都还停留在古代的模式——一般来说，我们还是会默认同行们发表的数据真实可靠，会不加验证地信任并在此基础上继续研究。

这就给图谋不轨的造假者提供了机会。造假被发现的机会是如此之低，而造假对自己职业发展的帮助——比如在重要学术期刊发表论文——却可能非常非常巨大。这就难怪会有那么多人背叛了自己从事科学事业的初衷，走上造假的道路了。

这种风险和收益的反差是个世界性的问题。但是在咱们国家，可能还尤其严重。近年来的很多例子都说明，国内研究机构在处理造假问题时，往往是大事化小小事化了、高高举起轻轻放下；而与此同时，国内在进行科学成果评价的时候，又特别看重论文发表在哪些顶级学术期刊等所谓的硬性指标。这就给了不少人一个非常错误的暗示：造假是一个一旦成功就足以让人功成名就，就算是被发现也就是罚酒三杯的事情，既然如此我也不妨做做看？

就在 2019 年 11 月，复旦大学的研究者在《自然》杂志发表评论，也旁证了这个现象。以 2017 年为例，中国科研机构发表的论文占到全世界的 8.2%，仅次于美国，位列世界第二；但就在同一年，中国科研机构因为学术不端问题被撤回的论文占到全世界的 24.2%，相对比例远远高于我们的论文贡献[2]。

第二个原因，则是科学研究的组织模式，没有做到责、权、利的对等。

责任、权力和利益的对应，是基本的组织学原则。在任何一个健康运行的组织内部，一个人能够享受多大的权力和利益，相应地就应该承担多大的责任。但是这个原则，在现代科学的组织模式当中，经常被扭曲了。

---

2 Tang Li，"Five ways China must cultivate research integrity," *Nature*，2019.

就拿我最熟悉的生物医学研究为例，一般而言，在发表学术论文的时候，具体完成研究工作的人——往往是研究生——会位列作者名单的第一位；而这个研究组的总体负责人——往往是研究生的导师——会位列作者名单的最后。

如果论文发表在重要学术期刊、引起同行广泛关注，或者产生了巨大的应用价值，最后作者往往会获得最大的收益，比如获得更多的研究经费支持，比如获得包括科学院院士和诺贝尔奖在内的重要学术荣誉。而反过来，一旦这篇论文被发现出现了学术不端的问题，往往真正被问责的是实际完成研究工作的第一作者，他可能会面临论文撤回、学位取消，甚至禁止从业等惩罚。

举一个例子吧。2001 年，美国生物学家，后来的诺奖获得者琳达·巴克（Linda Buck），在《自然》杂志发表了一篇论文。这篇论文对于巴克后来的获奖应该有不小的贡献，至少巴克自己的诺贝尔奖演讲中也引用了这篇论文。但是在 2008 年，巴克宣布该论文存在问题并将其撤回。到了 2014 年，内部调查证明论文的第一作者存在伪造图片等造假行为，并被追加了三年禁业的惩罚。当然，论文第一作者的造假行为证据确凿，惩罚是合情合理的，但是可能我们需要真正注意的问题是，论文的最后作者、论文最大的受益人，却并没有受到什么影响。

这种责、权、利严重不对等的组织模式，在我看来是滋养学术造假行为的温床。既然论文的最后作者、研究组的负责人会享受论文发表带来的好处，却不怎么需要为论文可能的学术不端问题负责，那么至少，他就没有那么强烈的动力去关注研究组内部的学术诚信问题，还可能在某些情况下默许甚至是鼓励这种行为。

我要再次强调，和刚才讨论的科学监察机制的问题一样，科学组织的问题也并非中国独有。但是中国科学研究的某些特点，可能会放大这种系统缺陷。比如说，曹雪涛这样功成名就的领军科学家，往往可以拥有一个非常庞大的研究组，动辄有上百位研究生、博士后、科学辅助人员为他工作。在这样的超级实验室里，导师会自动获得所有研究成果带来的好处，责、权、利扭曲的问题就会愈加明显。

古老的科学研究监察系统不能适应科学职业化的现状，科学研究的组织形式没有实现责、权、利的对等，是近年来学术不端行为越来越多的底层原因，可能也是解决国内学术诚信问题的直接入手点。

我们有没有可能引入更彻底、更系统的追踪系统，保证把科学研究过程中的操作流程、具体发现、分析方法全部记录在案，以备未来的调用和检查？这当然不是要限制科学家们的自由探索，但是不是能更好地管理科学研究过程中出现的无心错误和造假行为？

我们有没有可能让科学组织的责、权、利真正对等起来？比如说，如果一个研究组负责人主要是负责实验室管理，争取经费，并没有亲自参与研究工作，也没有智力上的贡献，是不是根本不应该在论文上署名，不应该拿走相应的荣誉和奖励？

我们有没有可能斩断学术论文发表和各种现实利益之间的直接联系，让在顶级学术期刊发表一篇论文就意味着晋升、经费和荣誉这种事情消失？

　　说到底，这不光是为了防止有人为了利益链而走险，更是回归科学研究本身的规律——在很多时候，最重要的科学发现往往不会发表在最好的期刊上，往往需要很长时间才会得到认可。而我们显然应该让奖励归于那些真正拥有勇气和探索精神的科学家。

9 神经疾病治疗技术到底属于谁

为什么在科学研究领域，造假行为是不能被容忍和接受的，这你肯定明白。在以追求客观真相为唯一使命的事业当中，任何假的成分，都是对这项事业的一种玷污，是对追求真相的同行的一种侮辱。

造假当然不能容忍，但是另外一种行为——偷窃研究思路，可能就不那么容易分辨了。在这一节中，我们就聊聊这个。我们从两条学术新闻说起——

2020 年 4 月 30 日，中国科学院上海神经所的杨辉研究员，在著名学术期刊《细胞》杂志上发表论文[1]。他们操纵老鼠体内一个名为 PTB，也叫 PTBP1 的基因的活性，就能够将神经系统内主要起支持作用的胶质细胞，转变为能够起神经信号传递作用的神经细胞。

我们知道，人类不少疾病都和神经细胞的大量异常死亡有关。比如，视网膜上的神经细胞大量死亡，会引起失明；大脑中的神经细胞大量死亡，会引起帕金森病、阿尔茨海默病等神经退行性疾病。因此，把胶质细胞变成神经细胞，就等于是人

---

1 Haibo Zhou, et al. "Glia-to-neuron conversion by CRISPR-CasRx alleviates symptoms of neurological disease in mice," *Cell*, 2020.

为制造出了大量全新的神经细胞，那理论上，就有可能补充死掉的神经细胞，治疗这些危险的疾病。

在这篇论文里，杨辉实验室就在小鼠模型上做了这样的尝试。他们发现，操纵 *PTBP1* 基因确实能够在小鼠视网膜上、在小鼠大脑一个叫"纹状体"的区域里，人为制造出大量新的神经细胞，至少是部分恢复患病小鼠的视觉功能和运动功能。这项研究一经发表，就吸引了国内外媒体和科学同行的关注。

到了 2020 年 6 月 24 日，美国加州大学圣迭戈分校的华人科学家付向东，也在《自然》杂志发表了一篇学术论文。他也同样证明，在小鼠大脑中操纵 *PTBP1* 基因能够制造大量神经细胞，恢复帕金森病小鼠的运动功能[2]。

在动物体内，只需要操纵一个基因就可以人为制造大量神经细胞，并且恢复神经系统的功能，这两项研究在科学概念和应用价值上当然都非常重要。已经有不少学术界同行围绕两篇论文里的技术细节展开了讨论，相信也会有很多人开始着手验证和继续深入研究了。

但我想说的，主要还不是这个。

在付向东教授的论文发表后不久，他就直接向中国科学院、科技部和国家自然科学基金委提交举报信，实名举报杨辉实验室发表的论文涉嫌剽窃和造假。

在举报信里，付向东教授声称，自己的实验室早在 9 年前

---

2 Hao Qian, et al. "Reversing a model of Parkinson's disease with in situ converted nigral neurons," *Nature*, 2020.

就发现，操纵 *PTBP1* 基因能够将胶质细胞人工转化为神经细胞，在 2013 年也已经正式发表了这项结果。当时他们发现，*PTBP1* 这个基因在许多动物组织里都很活跃，偏偏在神经细胞里活性很低。根据这个发现，他们最终证明，如果人为把 *PTBP1* 基因的活性降低，就能强行改变细胞的命运，把很多其他种类的细胞转变成神经细胞。从那时候起，付向东实验室就开始探索这项研究发现的应用价值，历经波折后，终于在 2020 年 6 月正式发表研究成果，就是刚才我们提到的发表在《自然》杂志上的结果。

说到这一切还都是合理的。而这封举报信里最重要的信息是，付向东教授说，在成果正式发表之前，他本人已经在国内外学术会议和交流活动上，多次分享这一研究项目的研究成果。特别在 2018 年 6 月，他受邀在杨辉所在的中科院上海神经所做了学术报告，并且和杨辉深入分享了很多实验细节。

因此他相信，杨辉偷窃了自己的研究思路，在此后快速重复了自己的研究工作，并且在自己之前抢先发表，涉嫌对自己研究思路的剽窃。

而杨辉研究员本人也很快发布公开声明，否认了付向东教授的指控。他在声明中说，付向东实验室早在 2013 年就发表了 *PTBP1* 基因的初步研究，自己的论文其实借鉴的是付向东实验室早年公开发表的成果，和 2018 年付向东教授来访及他的学术报告无关。而且，两项研究技术路线完全不同，根本谈不上剽窃。至于付向东教授向自己分享技术细节的说法，更是毫无证据。

目前，双方各执一词，真相尚未浮出水面。如果一定让我个人判断的话，我觉得，付向东教授的指控成立的可能性更大一些。毕竟既然杨辉研究员声称自己的研究思路是独立提出的，那他只需要出示一些简单的试验记录，证明自己在 2018 年 6 月付向东教授来访之前就已经开始了相关研究，就足以澄清一切偷窃研究思路的指控。但是在他的公开回应里，却对此避而不谈。

请注意，刚刚发表的这两项研究，要是让外行来看，可能觉得相似的地方并不多。两个实验室的技术路线和观察指标都有不小的差别；操纵 *PTBP1* 基因的方法更是几乎可以说完全不同——付向东教授用的是 RNA 干扰和反义核苷酸的方法，而杨辉研究员用的是基于基因编辑的方法；同样是试图治疗帕金森病小鼠，两篇论文里制造神经细胞的大脑区域也不一样。但是，两项研究最核心的概念——通过操纵 *PTBP1* 基因，在小鼠体内制造神经细胞、治疗神经退行性疾病，这个东西却是完全一样的。从这个角度来说，杨辉研究员的公开回应有点避重就轻，技术路线的差别无法用来证明研究思路的独立性。

当然，这里要强调一句，这只是我个人的猜测，最终结果如何，还需要更多的信息和正式调查才能最后下结论。

请注意，同样是被人诟病的学术不端行为，造假和偷窃研究思路的行为，性质还真不太一样，很多人也会在这个问题上有点迷惑，觉得偷窃研究思路不算什么大事，甚至值得鼓励和支持。

而这里的区别，正是我们这节的关键。

造假的危害我们已经说过了，科学研究的目标是客观真相，要是往里头掺假，或者故意歪曲实验数据让它看起来更合理，就是在动摇科学这项事业的根基。更有甚者，掺假的数据还会误导科学同行甚至是公众，让我们距离真相越来越远。

而偷窃研究思路的危害，很多人会觉得，好像就没有那么明显了吧？

一方面，这是因为实验科学的特性。实验科学的研究者很喜欢说一句话，"idea is cheap, show me the data"，想法不值钱，数据才值钱。平心而论，这话不是完全没有道理。面对一个未知难题，谁都能想出不知道多少个天马行空的解释，真正难的是设计严格的实验去验证或者推翻这些想法。既然如此，我听一个学术报告，收获一个研究思路，然后赶紧动手验证，这不是挺好的吗？难道一个人提出一个思路，别人就永远不能碰了吗？所以，杨辉研究员也在公开回应里提道："难道已经公开发表的基因就可以霸占，不允许其他人用新的技术来尝试吗？这和大佬圈地有何区别呢？"

科学史上这样的公案还挺多。在生命科学领域，最著名的案例大概就是DNA双螺旋的发现。学术界今天基本有了共识，女科学家罗莎琳·富兰克林首先通过X射线衍射的方法研究了DNA分子的结构，而她的研究数据在自己不知情的情况下被分享给了两位竞争对手——詹姆斯·沃森和弗朗西斯·克里克。沃森和克里克正是根据这些数据，很快提出了著名的DNA双螺旋模型，并因此获得诺贝尔奖，成为现代生物学的领军人物。

另一方面，从法律规则上说，一个单纯的想法，如果没有正式申请专利或者变成具体的产品，或是明确的文字记录，比如正式发表的论文，是很难被有效保护的。毕竟，想法本身看不见摸不着，要是不需要客观证据，那谁都可以说自己曾经在某年某月想过一个什么东西，然后借此要求什么利益。这岂不就乱套了吗？

既然如此，为什么我们还要在这里讨论付向东和杨辉的争议？既然研究发现基本一致，两个实验室也都发表了论文，具体是谁提出的想法、有没有偷窃研究思路，这事儿有那么重要吗？说得更赤裸裸一点，让不同实验室围绕一个研究思路开展竞争，看看鹿死谁手，岂不是还能促进竞争、提高效率吗？

如果你这么想，就大错特错了。

和造假这样人人都知道错误的行为相比，偷窃研究思路的危害好像没有那么明确，甚至似乎还有那么一点点鼓励竞争、提高研究效率的价值。但是我认为，这种行为对科学探索的破坏力，一点也不亚于造假。

因为在人类诸多事业当中，科学探索是一种极端依赖交流、合作和分享的事业。在人类科学史上，除了极少数天才能够完全独立地做出一番成就之外，绝大多数时候，新的科学进展都离不开科学家之间密切的互动。

很多时候，一个科学家的工作会建立在同行已经完成的工作的基础上，也会成为其他同行继续工作的基础；很多时候，一个科学家的工作要持续接受同行的建议和评价，帮助他持续修正自己的研究思路和方向；而在更多时候，科学家们在咖啡厅、酒吧甚至是海滩上的闲聊，会直接催生很多新鲜的甚至是革命性的研究思路。

比如说，天才如牛顿，他提出的万有引力定律也建立在著名的开普勒三定律的基础上；而开普勒的发现，也离不开第谷·布拉赫几十年精确观测和记录下的行星运动轨迹。再比如，生命科学领域最重要的技术发明之一——重组DNA技术，是两位美国科学家赫伯特·博尔和斯坦利·科恩，在1972年夏威夷的一次学术会议中，边啃三明治边构思出来的。

而对研究思路，对研究想法的偷窃，是对这种交流、合作和分享的重大打击。

想要说清楚这背后的道理，我们先要看看，科学家们之间到底是怎么保持密切互动，彼此分享、交流和合作的。

在古代，交通和通信不便，科学家主要依靠信件传递信息。比如，达尔文就是收到了阿尔弗莱德·华莱士从遥远的马来群岛寄来的信件，才知道这位年轻同行居然和自己一样，独立提出了物种进化的理论。这才把在柜子里锁了十几年的书稿拿了出来，和华莱士的论文一同发表。

到了今天这个时代，科学界通行的交流媒介，其实就是学术论文。世界各地的科学家们会在学术期刊上发表自己的论文，也会广泛阅读别人发表的论文。论文中记录的研究思路、实验数据、分析方法，都会成为人类科学探索事业的共同基础。

但你肯定也能想到，学术论文这种方式太严肃、太正式，效率太低了。从一个模糊的研究思路到具体的实验数据，从初步的实验数据到一个完整的研究项目，从一个研究项目到一篇深思熟虑的论文，整个过程动辄需要好几年。换句话说，要是仅仅依靠论文作为交流媒介，那科学家获得一轮反馈的周期就得好几年。这个节奏，未免也太让人着急了。

那怎么办呢？

一个思路是改革科学出版这个行业，加快科研成果的发表速度。这个事情一直有不少科学家在呼吁和推动，这里我们暂且不提。

另一个办法，就是各种非正式的交流活动。

比如，很多学术会议会鼓励科学家们分享尚未发表的研究成果；科学家们会经常访问不同的研究机构，并且在小规模的学术讲座上分享成果；再比如，科学家们经常会在学术会议上一起喝喝酒、钓钓鱼，同时讨论研究思路……在中国就更不用说了，大大小小的微信群都是科学家们非正式讨论的好工具。

如果说以学术论文为载体的互动，周期是以年计，那这些非正式互动的周期可以短到几天、几小时，甚至是几分钟。可想而知，这对学术探索的效率提升有多大。

但是这样一来，效率是高了，麻烦也来了，那就是，科学家的研究思路很容易被别人拿走、占用、借鉴，甚至是偷窃。

刚才咱们说过，实验科学普遍有一种轻视想法、重视数据的倾向；一个非正式场合里抛出的想法又不太可能受到严格的保护，甚至就算被人偷窃，也很难找到实锤证据去指控。

而反过来看，如果一个研究思路确实非常有价值，那别人偷偷拿去快速模仿，收益又非常诱人。毕竟在探索未知世界的时候，充满了失败和意外，哪怕有人说一句"×××这边走机会更大"，甚至是光说一句"×××此路不通"，都是价值千金的。

最近，芯片工业成了全球关注的焦点。我就看到有这么一个故事：在过去二三十年时间里，三星和台积电在芯片技术上斗得难解难分。2009年，台积电一位核心科学家梁孟松辞职转投三星，让三星的芯片技术突飞猛进。对于梁孟松的贡献，台积电是这么说的，"不用直接透露技术细节，只要暗示三星哪些线路是行不通的，就可以为其省下大笔时间和经费"。这句话真的道出了前沿探索的艰辛和成功的稀缺。

就拿付向东和杨辉的争议来说，甚至不需要大量具体的数据，只需要当事人一句简单的"操纵 *PTBP1* 基因能够治疗帕金森病"，可能背后就是先行者好多年的辛苦测试，而后来者根据这句话也许就可以在短时间内重现类似的实验发现。

约束薄弱，诱惑惊人，这种事情当然就会有人做。

实际上在生命科学领域，类似的事情多到我们都见怪不怪了。经常有人提到，自己的研究思路写在论文里，被负责审稿的同行悄悄拿去；或者自己的研究计划写在经费申请里，被负责评审经费的同行偷窃；等等。在绝大多数时候，类似的指控基本不太可能找到证据，当事人也只好吐槽几句完事，毕竟他也没法撬开别人的脑壳，看看一个研究思路到底从何而来。当然，刚才咱们也提到，这次付向东教授和杨辉研究员的争论，其实是有办法来确定事实和责任的，只要分别出示一下研究项目开始的一些记录就可以了。当然，这是题外话了。

很难避免，也很难处理，但是类似行为的破坏力是很大的。

道理也很简单，如果这样的行为越来越频繁，甚至是受到了某种程度的默许和鼓励，那科学家们就越来越不敢在非正式场合分享自己的研究思路和研究进展了。就拿我自己来说，在读博士期间，我的博士生导师就总是不厌其烦地叮嘱，如果一个研究项目还没有发表，或者还没有非常接近正式发表，千万不要拿出去讲。其实，就是怕研究思路被同行偷去。

在世界各地，我都看到了这样的现象。即便在各种非正式场合，科学家们仍然会小心谨慎地几乎只讨论和分享已经发表或者即将发表的研究。就在这次付向东教授和杨辉研究员的争议事件中，我就看到不少人表态，责任在付向东教授一方，谁让他在非正式场合讨论自己尚未正式发表的研究呢？

这种变化是让人不安的。因为科学家们实际上是在主动或者被动地放弃高效率的非正式互动，将学术交流限制在正式学术论文发表这一种方式之下。我们已经说过，这种变化将会对科学探索的效率带来破坏性的打击。就像我们无法想象放弃学术期刊，依靠私人信件交流学问，无法想象扔掉手机，使用电报互问平安一样，我们也无法接受一个科学家彼此缄口不言，把所有的想法和发现都藏到论文发表那一刻的世界。

这就是为什么我说，偷窃想法和学术造假一样，都是不可接受的行为。

当然你可能会说，即便如此又能怎么办呢？你都说了，想法看不见摸不着，任凭你设计什么制度，也很难约束有人偷窃想法吧？

没错，想要保护看不见摸不着的想法，当然是很困难的。但是我要说的是，科学探索本来就是一个建立在荣誉之上的系统。能够保护想法的，不是具体的规章制度，而是科学家天然带有的荣誉感和贵族气质。

别误会，我并不是说只有贵族或者有钱人才应该做科学。尽管中古时代的科学家，确实有不少是贵族出身，但是贫苦人家出身的科学家也多得是。数学家高斯、物理学家法拉第、化学家道尔顿、生物学家林奈，都是穷人家的孩子。

但是，科学家的荣誉感和贵族气质还是在的。归根结底，成为科学家，探索宇宙里的未知问题，为人类拓展认知边界，是一项相当寂寞的工作。只有那些出于纯粹的好奇心，孜孜不倦地探索，成败利钝在所不计的人，才会从中获得乐趣。尽管科学家们也会因为这些工作收获各种现实好处，比如头衔、奖励、地位，但是鉴于科学探索的高度不确定性和大量的失败，如果以收获这些现实好处为目标，一个科学家大概率会过得非常沮丧。

到了现代社会，科学已经职业化和平民化。我这样普通人家的孩子也能探索生物学难题，并且还能靠它养家糊口。这当然是大好事，它让更多人进入科学探索的领域，大大加速了科学发展的速度。但是，在科学平民化的时代里，荣誉感仍然是这个特殊职业的根基和命脉。作为科学家，我们坚持做真实和正确的研究，我们也首先相信同行的研究也同样真实和正确。你肯定可以想到，如果失去了这种荣誉感，如果我们看到同行的研究首先要完全重复一遍才知道真假，那科学探索的效率得低到什么程度。

不得不说，在科学平民化、职业化的时代里，这种荣誉感在世界各国都有消退的迹象，层出不穷的造假、抄袭、互相打击和排挤就是证明。但是我觉得，当下的中国可能特别需要强调这种荣誉感。

一方面，中国在历史上是一个特别缺乏科学传统的国家。现代科学进入中国也就短短一百多年，而且一进来就被赋予了包括社会进步和国家崛起的现实责任，客观来说，对于科学家荣誉感的建设一直就比较弱。

另一方面，说得俗一点，哪怕仅仅是考虑怎么出更多更好的科研成果，我们也需要维护科学家群体的荣誉感。

要知道，咱们中国的科学研究正在快速崛起，从追赶到领先，在可见的未来，中国科学家就要承担起引领世界科学发展方向的责任。在追赶世界先进科学的时代，也许我们可以鼓励拼搏、竞争、狼性的科研文化；但是在引领世界科学创新的时代，在未知世界中摸索的先行者尤其需要保护。如果这部分先行者的科研想法很容易被拿走和占领，我们又依靠谁去完成从0到1的原始创新呢？

这其实就是讨论学术造假，讨论一个尚未看到结局的学术争端的原因。对于正在读这本书的你而言，对于中国生命科学的发展而言，一次争端中谁胜谁负其实没有那么要紧。但是为了科学探索事业本身，我们需要科学家群体内部持续的交流、合作和分享，而这依赖于科学家之间高效率的非正式学术互动。这种非正式的互动不太可能被什么具体制度所保护，只能建立在科学家荣誉感的基础上。而如何建立和维护这种荣誉感，是中国科学界必须面对的重要课题。

想要创造中国科学的辉煌，我们需要保证，造假者不能堂而皇之继续享受造假的红利，偷窃研究思路的人不能堂而皇之继续享受偷窃来的名声。

10 "运动员"的血液能延缓大脑衰老

长久以来人们都坚信，锻炼身体能提高健康水平，降低各种疾病的发病率，延缓衰老的速度。这也反复被医学研究证明。而且，就算是半辈子从不运动的人，只要开始做点哪怕是遛狗、拖地这样的轻度运动，就会有巨大收获，各种疾病导致的总体死亡风险能下降超过 20%[1]。

世界卫生组织的正式建议是，成年人每周应该至少有 150 分钟的中等强度运动，比如快走和跳广场舞，或者 75 分钟的高强度运动，比如跑步或者游泳等。

但是，对于运动这种长期收益明确、短期内主要给人带来痛苦的东西，绝大多数人很难在年纪轻轻、身体健康的时候就长年累月地坚持。

除了坚持运动之外，管住嘴巴也是一样。这跟你是不是意志坚定或者愿意吃苦无关，这是人类的底层生物本能决定的。从亿万年艰苦的进化历程中幸存下来，人类靠的不是艰苦奋斗，而是字面意思上的"好吃"加"懒做"。

还有就是，虽然什么时候开始运动都不晚，但是要一个已

---

1 Alexander Mok, et al. "Physical activity trajectories and mortality: population based cohort study," *BMJ*, 2020.

经开始泡枸杞的中老年人开始运动又谈何容易。毕竟老胳膊老腿，甚至还有"三高"这样的富贵病，如果运动不得法，身体可能还要承受更大的伤害。

那有什么办法呢？

2020 年 7 月 10 日，发表在《科学》杂志上的一项研究给出了一个脑洞比较大的答案——自己不动，让别人替你运动，可能也能延缓衰老 [2]。

来自美国加州大学旧金山分校的科学家们，用小鼠做了这项研究。在实验室环境里，小鼠的平均寿命大概是 2 年。可想而知，18 个月大的老鼠已经相当衰老了，肯定比 3 个月大的青年老鼠各方面都差挺多的。而这些科学家发现，如果在老鼠笼子里放一个能让老鼠运动的转轮，经常上去跑步的老老鼠就比一直懒着不动的同龄老鼠更健康。

他们关注的主要是老鼠大脑功能的变化。科学家发现，运动的老老鼠能够更快地在游泳池里找到隐藏在水面下的落脚平台，也更容易记住危险的环境并做出反应，有些能力甚至恢复到了青年老鼠的水平。相应地，科学家也发现，这些运动的老老鼠的大脑里出现了更多的新生神经细胞。总而言之，运动让这些衰老的大脑变得更年轻、更有活力了。

这本身不算太稀奇，运动的好处已经被研究得相当透彻了。但接下来，科幻的地方来了。

––––––––––

2 Alana M. Horowitz, et al. "Blood factors transfer beneficial effects of exercise on neurogenesis and cognition to the aged brain," *Science*, 2020.

科学家们把这些运动的老老鼠的血浆输到懒老鼠体内，3天一针，连打3周多，居然看到了非常接近的效果——懒老鼠的大脑里居然也出现了更多的新生神经细胞，学习记忆能力也增强了，甚至改善幅度都和亲自运动的老鼠差不多。

这个比较科幻的结果，立刻指向了一个可能性——长期运动激活了老鼠血液里的某种抗衰老的化学物质，所以这种效果才能通过血液转移到懒老鼠体内。既然如此，如果找到这个化学物质是什么，直接人工合成，就连输血这个步骤都能省了。

科学家比较了运动老鼠和懒老鼠的血液，确实发现好几十种蛋白质分子的浓度都提高了。从中，他们看上了一个叫作GPLD1的蛋白质分子（糖磷脂酰肌醇特异性的磷脂酶D1）。这个蛋白质的完整名字非常长，长到我都不太记得住，你只需要知道它是一个由肝脏生产的、会进入血液循环的蛋白质就行了。研究者们发现，这个蛋白质在长期运动的老年人体内也会升高，和小鼠一样。

这样一来问题就简单了。也许运动抗衰老的秘诀就是这个GPLD1蛋白质。如果果真如此，直接合成这个蛋白质注射到老年老鼠体内，应该就能看到一样的效果。不过遗憾的是，这个实验没有做。这些研究者们做了一个取巧的证明，他们强迫懒老鼠的肝脏过量生产GPLD1蛋白，发现这个操作也确实能抗衰老。

总结起来就是，如果这项研究的发现能推广到人类世界，未来懒人们只需要给自己定期打一针GPLD1，就能继续喝着可乐刷抖音，同时享受运动的好处了。

且慢，这项研究虽然听起来激动人心，但有些问题还是要严肃地和你讨论一下。

在生物学研究的历史上，有一个著名的案例可以作为正反两方面的参照，那就是"年轻血液"的研究。

在中世纪的很多传说里，年轻人的血液都具有返老还童的神奇功效。到了 20 世纪六七十年代，科学家们发现，如果把老年老鼠的血管和年轻老鼠的连通起来，让年轻老鼠的血液流入老年老鼠体内，一段时间后，老年老鼠似乎真的焕发了青春，寿命也有显著延长。

看到这里，你应该很容易得到和刚才的研究类似的结论——年轻老鼠的血液里，应该含有一种永葆青春、延缓衰老的化学物质。

"输年轻血液能够返老还童"，这个概念本身就意味着万亿美元的巨大市场。过去几年，在美国加州就有公司提供卖年轻血液的服务，只不过在 2019 年被美国 FDA 关停了。

请注意，或许血液确实能承载永葆青春的效果，但它是一个成分非常复杂的混合物，里面各种蛋白质分子、脂类和糖类分子多如牛毛，想要确定具体是哪种化学物质承载了运动或者永葆青春的效果，可不是一件容易的事情。在返老还童这件事上，人类是走了很大的弯路的。

2013 年，哈佛大学的科学家艾米·韦戈斯（Amy Wagers）就发表论文说，年轻老鼠血液里一个叫作 GDF11 的蛋白质承载了返老还童的效果，如果注射给老年老鼠，不光大脑神经细胞能够再生[3]，肌肉组织也能恢复活力[4]。

但是仅仅 2 年后，美国诺华制药的科学家们就几乎完全推翻了这个结论[5]，认为 GDF11 不光不能让动物返老还童，甚至还有促进衰老的副作用。

到底谁对谁错，至今尚未尘埃落定。但至少说明，想要从血液的万千化学物质中找到一个真正管用的东西，难度和不确定性都是非常大的。既然返老还童的物质尚存疑，替别人运动的物质是不是能站得住脚，其实也需要打一个问号。至少，我们得看看有没有别的科学家能够重复这个发现。

其实，从我们讨论的这篇论文里也能找出一些技术问题。

比如，虽然研究者们证明了让老鼠过量生产 GPLD1 蛋白质可以模拟运动的效果，但就像我们说的，更好的证明方法显然是人工合成这种蛋白质然后注射给老鼠。这也是最能模拟未来药物使用的方法。但是，这项实验并没有做。

更重要的问题是，怎么从逻辑上证明运动带来的好处完全或者大部分是由孤零零的 GPLD1 蛋白质承载的呢？血液里别的化学成分完全不起作用吗？想要证明这个作用，更好的办法是

3 Lida Katsimpardi, et al. "Vascular and neurogenic rejuvenation of the aging mouse brain by young systemic factors," *Science*, 2014.

4 Francesco S. Loffredo, et al. "Growth differentiation factor 11 is a circulating factor that reverses age-related cardiac hypertrophy," *Cell*, 2013.

5 Marc A. Egerman, et al. "GDF11 increases with age and inhibits skeletal muscle regeneration," *Cell Metabolism*, 2015.

如何理解一种全新疾病

删除实验。比如，抽出运动小鼠的血液，把里面的 GPLD1 蛋白质去除干净，看看剩下的血液是不是就没用了。只有注射 GPLD1 有用，去掉 GPLD1 哪怕继续输血都没用，我们才能真的相信 GPLD1 蛋白质的药用潜能。

而且，衰老是人体系统性的变化，出问题的绝不仅仅是记忆力下降、大脑功能衰退。就算 GPLD1 确实能够挽救大脑的功能，它是不是也能抑制其他器官和组织的衰老呢？或者会不会加重其他器官和组织的衰退呢？这些问题，这篇论文都还没有解答。而想要真正拥有一种替代我们运动的神奇药物，这些问题都是必须回答的。

当然，从概念上说，输血能够把运动的好处转移给懒老鼠这个发现在逻辑上倒是完全可以理解。毕竟，既然运动能够对身体各个器官都带来全面的好处，那我们就可以想象，这种好处一定需要通过某个载体通向全身各处。血液，当然就是最方便的载体。

因此，我和你一样，非常期待看到这项研究的后续进展。

11　基因编辑的新进展

熟悉《巡山报告》的你应该知道，基因编辑技术是一个我长期关注的话题。在我看来，基因编辑技术可能是生命科学领域最具革命性的一类技术，未来可能不仅会改变医学的面貌，还可能对整个人类世界的社会结构、生活方式和思想观念带来革命。

当然，万丈高楼平地起。在改变世界之前，基因编辑技术还有很多自身的问题需要一点点解决，它的应用场景也需要小心翼翼地一点点拓展。像 2018 年贺建奎那样贸然把这项技术应用于人类胚胎、创造基因编辑婴儿的事情，希望还是不要再发生了。

就在过去的这个月，基因编辑技术又有了几个相当重要的进展。

第一个进展是应用场景方面的。

2020 年 7 月 22 日，中南大学湘雅医院和上海邦耀生物公司合作开展的一项基因编辑人体临床试验宣布了阶段性进展。医生们将 CRISPR/cas9 基因编辑技术应用于珠蛋白生成障碍性贫血的治疗，在两个男童体内看到了相当不错的疗效 [1]。

---

1 http://www.bioraylab.com/newsinfo/27.html

珠蛋白生成障碍性贫血是一种严重而罕见的先天性遗传疾病。在世界范围内，发病率大约是十万分之一；而在特定地区，比如地中海周围、印度、中国华南地区，发病率明显更高，超过万分之一。这种疾病和我们中学生物课学过的镰刀型贫血症有点类似，都是血红蛋白基因出现了先天性遗传缺陷，导致人体红细胞运输氧气的功能受到影响，轻者容易出现头晕、体力不足、发育不良，重者可能会危及生命，需要终身定期输血、接受药物治疗。

目前，根治珠蛋白生成障碍性贫血的办法只有一个，就是给患者做骨髓干细胞移植。从配型合适的捐献者那里，获得拥有正常血红蛋白基因的造血干细胞。但是可想而知，这个方案的可行性和推广性都是很低的。

而在基因编辑技术出现之后，珠蛋白生成障碍性贫血的患者有了另一个摆脱疾病的可能。如果把他们体内的造血干细胞提取出来，利用基因编辑技术将出现错误的血红蛋白基因修改正确，或者是人为激活一个能够替代原有错误的血红蛋白基因，然后再把造血干细胞重新输回患者体内，就能模拟造血干细胞移植的效果，一劳永逸地根治疾病了。

而且，用基因编辑技术治疗血液系统的遗传疾病，在技术上门槛相对更低。人类已经有成熟的技术把各类血液细胞甚至是造血干细胞，从人体中提取出来进行操作。相比之下，操作肌肉组织或者大脑里的基因，技术难度就大多了。因为我们没有办法把那些人体组织拿出来操作，所以必须开发技术把基因编辑工具精确投送到需要操作的部位。这样一来，风险和技术难度都会大大提高。

也是因为这个原因，业界不少头部公司都不约而同地把珠蛋白生成障碍性贫血列为基因编辑技术的首选应用场景。

在 2019 年，美国有两个针对珠蛋白生成障碍性贫血的基因编辑药物进入人体临床试验，它们分别是圣加蒙公司主导的ST-400，以及 CRISPR Therapeutics 主导的 CTX001。两个研究采用了不同的基因编辑技术路线，但是思路大同小异，截至目前也都看到了令人兴奋的结果，几位最早的患者已经能摆脱定期输血了。

在这样的背景下，中国医生和科学家们的这项最新进展证明了：在中国，从技术储备到医疗支持和政策环境，基因编辑技术的应用也具备了落地生根的可能性。

在我看来，在中国，基因编辑技术的落地可能多少会有些特殊性。

有些特殊性，可能起到的是正面推动作用。

比如在国内，如果人体细胞可以用来治疗疾病，它有两个路径可以获得监管部门的批准：一个是按照常规药物的开发路径，申报药监局开展人体临床试验，试验成功后由药监局颁发药物上市许可，可以广泛销售和应用。这个路径和欧美国家一致。而另一个路径是，把它当成类似于外科手术一样的临床应用技术，经由卫生部门批准后就可以在特定医院开展。而后者的监管程序，相对要宽松很多。

这种特殊的双轨制制度可能会让中国的医疗机构在基因编辑应用方面"弯道超车"。

而有些特殊性，作用可能就没那么正面了。

比如，基因编辑技术的上游专利基本都不掌握在中国研究机构和公司手中。前面我们讲到的两项关于珠蛋白生成障碍性贫血的基因编辑临床试验，圣加蒙公司的 ST-400 用的是自己拥有核心专利的锌指蛋白核酸酶技术，而 CRISPR Therapeutics 公司的创始人之一就是 CRISPR/cas9 技术的发明人埃曼纽尔·卡彭蒂耶（Emmanuelle Charpentier）。

换句话说，中国要推动基因编辑技术的临床应用，或早或晚会和少数几家欧美公司产生专利冲突。

除了上面这个应用场景的进展之外，2020 年还有两项围绕基因编辑技术底层开发的进展，也非常值得分享给你。

其中一项研究是对 CRISPR/cas9 基因编辑技术的进一步优化。

自 2012 年被发明以来，CRISPR/cas9 就凭借它的高效和易用性，迅速成为最炙手可热的基因编辑技术。你在新闻上看到的几乎所有基因编辑的最新进展，用的都是这项技术。但是，这项技术本身问题还挺多的——

其中一个就是广为诟病的脱靶问题——本来不想修改的正常基因被随机破坏。

另一个问题是，cas9 蛋白质差不多由 1300 个氨基酸构成，这个尺寸太大了。

你可能会问，尺寸大有什么问题呢？如果是治疗血液疾病，可能问题不大；但是如果要修改肌肉或者大脑组织的基因，前面提到了，人们没有办法把这些细胞提取到体外，只能把基因编辑工具投送进去。而常用的投送工具（主要是几种比较安全的病毒）尺寸是很小的，cas9根本放不进去。从这个角度来说，小型化的基因编辑工具是非常重要的。

就在2020年7月17日，美国加州大学伯克利分校的科学家在《科学》杂志上发表论文，从一些特殊的噬菌体体内找到了一个尺寸只有原先一半、仅仅由700~800个氨基酸构成的基因编辑工具[2]。这种新工具尺寸很小，比较容易放到病毒投放工具里。我想，很快我们会看到有人做这样的尝试。

还有一项研究也聚焦在基因编辑技术的进一步开发上。

和刚刚说的这项研究一样，它的目标也是拓展和优化基因编辑工具的递送系统。只不过它的递送目标不是人体深处的器官和组织，而是细胞深处的微型细胞机器——线粒体。

几乎每个人体细胞都有数以百计甚至更多的线粒体。这些形状像小型子弹的东西是细胞内部的能量工厂，负责生产细胞生存繁殖所需的能量分子ATP。但是，线粒体有一个异乎寻常的特性——它拥有自己单独的DNA，能够单独为自己生产一部分蛋白质分子。这个特性在人体细胞的所有细胞机器当中都是绝无仅有的。

---

2 Patrick Pausch, et al. "CRISPR-CasΦ from huge phages is a hypercompact genome editor," *Science*, 2020.

撇开具体的进化历史不谈，线粒体拥有自己的 DNA 这件事确实造成了一些麻烦。和人体细胞的基因组 DNA 一样，线粒体 DNA 如果出现错误，也同样可能导致严重的遗传疾病。全世界每年都会出生 2 万多个携带线粒体 DNA 缺陷的儿童，发病率几乎和所有儿童癌症加起来差不多。

当然，我们自然会想到利用基因编辑技术修改线粒体的 DNA，治疗这些遗传疾病。但是，CRISPR/cas9 这样的基因编辑工具很难进入线粒体这样一个微型细胞机器内部。这当然就大大限制了基因编辑技术的应用范围。

2020 年 7 月 8 日，一种全新的线粒体 DNA 编辑技术问世，它的发明人是哈佛大学的刘如谦(David Liu)[3]。这项技术的细节我就不展开了。特别值得一提的是，这项技术其实是刘如谦曾经参与研究过的两项基因编辑技术的杂交产物。

从 2016 年开始，刘如谦发明了几种能够精确的定点改变 DNA 位点的工具——碱基编辑器。如果说 CRISPR/cas9 类似于一把剪刀，搜索到需要修改的 DNA 位置就咔嚓剪断，然后缝补一段新的 DNA 上去。碱基编辑器的作用就类似一瓶修正液，找到需要修改的 DNA 位点，直接通过一个化学反应来修改。

这一次，刘如谦把这种精确的碱基编辑技术用到了线粒体上。

但是，之前的碱基编辑器只有涂改修正的作用，搜索特定

---

3 Beverly Y. Mok, et al. "A bacterial cytidine deaminase toxin enables CRISPR-free mitochondrial base editing," *Nature*, 2020.

DNA 位置的功能其实还要通过 CRISPR/cas9 技术来实现。但是咱们说了，CRISPR/cas9 是没办法应用在线粒体里的。为了解决这个问题，刘如谦又动用了 20 年前曾经红极一时的基因定位技术——TALE，把 TALE 和碱基编辑器杂交起来，前者负责搜索，后者负责涂改，这就成功绕过了 CRISPR/cas9 无法进入线粒体的障碍。

说到这里，我要总结一下：

这两项技术改进，一项是小型化基因编辑工具，方便人体内的投送；一项是用杂交新技术，成功突破细胞内部的线粒体。对于外行来说，这些技术进步可能听起来有点无聊和琐碎。但是，任何新技术的出现，概念上证明了是一回事，真正在现实落地则是另一回事。前者只需要考虑几个科学数据，而后者需要效率、安全性、商业模式等各种因素的综合考量。

在基因编辑技术真正完善成熟、走进千家万户之前，我们还会看到很多次这样的微创新、小突破。相反，贸然把没有成熟的技术推向应用，贺建奎就是前车之鉴。

12 "心诚则灵"的客观证据

这一节我们要讨论一个魔幻的问题：心诚则灵到底存不存在？

和吃啥补啥一样，心诚则灵也是一个被很多人挂在嘴边，但又不被现代科学和逻辑体系接受的说法。道理很简单，这个说法本质上可能就无法证伪。一个人到底心诚不诚，外人根本没有办法客观判断。比如考试之前去拜拜菩萨，考好了可以解释成菩萨显灵，考得不好可以说你烧香的时候不够虔诚。反正怎么说都有理。

既然怎么说都有理，那合理的态度就是敬而远之，不跟你打口水仗。不过，在生命科学领域，还真有一个和心诚则灵有关的严肃问题，是不能随便绕过去的。

它就是所谓的"安慰剂效应"。

你可能听过这个概念。它说的是，在很多时候，哪怕给一个患者用的是只有淀粉或者生理盐水这样的"假药"，只要这个人以为自己用的是真药，就能起到缓解病症的效果。因为这个原因，开发新药、做人体临床试验的时候，一般都需要一个步骤，就是开展随机对照的双盲试验——让两组患者分别使用真药和安慰剂假药，但不告诉他们自己用的到底是真药还是假药，然后再对比两组患者的病情变化。这种方式能有效排除安慰剂效应的干扰，确认一种新药到底有没有用、有多大用。

安慰剂效应的生物学本质至今还不是特别清楚，但我们必须正视它的存在。因为在某些时候，特别是针对像疼痛、抑郁症、失眠这类神经系统疾病的时候，安慰剂效应的强度已经大到无法忽视，甚至可以和很多真药相提并论的程度。

安慰剂效应已经很神奇了吧？但接下来的事情可能会让你觉得更加不可思议。

在某些特定的疾病中，哪怕你直接告诉患者给他用的是没有药物成分的安慰剂，只要你同时告诉他安慰剂效应的存在，竟然也能起到缓解病情的效果。这就是所谓"非欺骗性安慰剂"的概念。

你看，这种现象是不是特别像心诚则灵？有个东西，哪怕明知道是假的，只要你选择相信，它就能有用。

当然，两者的区别是，心诚则灵是个无法证伪的说法，而非欺骗性安慰剂到底是怎么回事，我们还是有机会研究清楚的。

想要确认非欺骗性安慰剂的作用，一个传统思路是直接询问患者的感受。打个比方，研究者们可以给患者用非欺骗性安慰剂，比如淀粉做的药片，过一阵子问患者感觉是不是好点了。这样的研究其实做过不少，确实发现有不少疾病、不少患者哪怕明知道用了假药，也会觉得自己好转了。

但是，这类研究的一个大问题在于，我们不知道患者说自己好转了的时候，他是不是真的好转了。毕竟人是复杂的智慧生物，我们怎么知道这些患者不是怕研究者们失望而故意迎合？不是病情本身就在慢慢好转？或者人的大脑实在太善于脑补，以至于这些患者虽然病痛依旧，但是自己骗自己好转了，以至于自己都信了？

换句话说，我们缺少一个不依赖于患者主观描述的客观指标，来证明非欺骗性安慰剂效应是真实存在的。

2020 年 7 月 29 日，来自美国密歇根大学等机构的研究者在《自然-通讯》杂志发表了一篇论文，第一次用客观证据证明了非欺骗性安慰剂效应的存在。心诚还真就能灵[1]。

研究者的实验设计其实挺简单的：

他们找一群大学生作为受试者，让他们看电脑屏幕上随机出现的图片。有些是不带感情色彩的图片，比如一个皮球、一栋建筑；有些则是带有强烈负面刺激的图片，比如一个怪物头像、一个血淋淋的伤口、一个灾难现场等。然后，让学生们给自己的情绪打分，感觉越不舒服，分数就打得越高。这是一个主观指标。同时，他们还给学生们做了一个脑电图的记录，测量他们被强烈情绪刺激所激发的脑电波信号（晚期正电位，Late Positive Potential），这是一个反映情绪的客观指标。

总体来说他们发现，看了那些惊悚可怕的图片之后，不管是主观指标还是客观指标，这群受试者的情绪状态都发生了明显的波动。这不奇怪。

---

1 Darwin A. Guevarra, et al. "Placebos without deception reduce self-report and neural measures of emotional distress," *Nature Communications*, 2020.

怎么验证非欺骗性安慰剂的作用呢？研究者是这么做的：

在实验开始前，研究者们会往每位受试者的鼻子里都喷点生理盐水，就是过敏性鼻炎患者经常用的那种喷雾。区别在于，对于其中一半的受试者，研究者们仅仅告诉他们鼻子里喷盐水是试验必需的常规操作；而对于另外一半受试者，科学家们明确告诉他们，我给你喷的是盐水没错，但是请把它当成安慰剂，你只要相信，它就能让你等会儿情绪不那么难受。就这么一点差别。

结果发现，不管是主观的情绪状态打分，还是客观的脑电波指标的测量，后面这一组学生的情绪状态都变好了。也就是说，这些学生明知道自己就是用了点生理盐水，但是只要他相信这东西管用，甚至只要他听说了这东西可能会有用，就真的会有用。非欺骗性安慰剂的效果第一次得到了实打实的证明。

这当然是个脑洞大开的发现。我想，它的价值并不是结束了一个问题，而是开启了更多的问题。

比如，从脑科学的角度发问，这种明知道一个东西是假的但仍然会对它产生积极反应的现象，背后的原理是什么？是人脑的某种本能反应，还是人类特有的理性思维的结果？人和人之间、文化和文化之间、不同年龄的人之间，这种现象会不会有强弱之别？会不会有些人特别容易心诚则灵，而有些人天然对此免疫？这些人之间的差别又是怎么来的？是先天遗传，还是后天学习？

另外，从医学的角度来说，安慰剂效应，特别是非欺骗性安慰剂效应的客观存在，其实有正反两方面的作用。

从不好的方面说，这种效应让我们很难判断一种药物的真实效果到底如何，一定要借助随机对照双盲实验才能排除安慰剂效应。这本身就是一件费时费力、投入巨大的事，当然会提高新药开发的成本。甚至近年来还有一些研究发现，安慰剂效应好像有越来越强的趋势。换句话说，新药开发的门槛也因此越来越高了。

但是从好的方面来说，既然安慰剂效应真的存在，那么如果能想个办法利用它来缓解病痛，当然就是一个成本很低、安全性很高的办法。说得直白一点，对于那些吃一片淀粉药片、喷一点生理盐水就能治的病，我们就不需要再去开发药物了对不对？而且，如果搞清楚了安慰剂效应的生物学本质，也许还能进一步强化它，让它更好地帮助我们治疗疾病。这当然是一个特别值得继续研究的方向。

13 针灸和穴位的生物学基础

我要讲的这项研究，针对的也是一个挺玄乎，而且特别容易引起争吵的话题——中医。更具体地说，是中医当中的针灸。

虽然中医这个话题太大、争议太多，但是一直以来，很多人都在努力把它纳入现代科学体系。其中最重要的两个方向，一个是用化学手段分析中药，从传统中草药里提取单一的有效成分并开发成药物。其中包括青蒿素、麻黄碱等成功案例，咱们这里就不多讨论了。另一个就是对针灸的研究，特别是搞清楚在什么部位、什么时间、用多大强度的针刺，能起到什么效果，这种效果又是如何实现的。

2014 年，一项发表在《自然-医学》杂志的研究，首次发现了针灸对于败血症的治疗作用。

败血症是一种人类世界里死亡率很高的疾病，往往由全身性的细菌感染引起。人体免疫系统没有能力及时清除细菌，导致全身各个器官严重的免疫反应，引发持续的高热、肝脾大、神志涣散乃至死亡。研究者们在小鼠身上模拟了人类败血症后发现，在小鼠的足三里穴，也就是小鼠后腿膝关节下面 4 mm 处的一个特定位置，插入很细的电极并通电刺激，模拟针灸的效果，可以有效缓解小鼠的败血症症状，降低死亡率[1]。

2016 年，研究者们在人体当中也发现了类似的现象。用电针刺激人体迷走神经，能够有效降低身体的免疫反应，缓解类风湿关节炎的症状[2]。

从某种程度上说，这些研究已经部分证明，针灸这门古老的技艺可能确实有一些临床价值。但是从根本上说，我们还不太清楚针灸到底是通过什么生物学过程发挥作用的。

在中医理论里，经络是运行气血、贯通人体五脏六腑的通道，而穴位则是经络上重要的节点。只有在特定的穴位下针，影响特定经络的运行规律，才能起到预想的作用。但是，现代生物学并没有找到所谓的经络、穴位的可靠的物质基础。既然不知道穴位到底是什么，在不同地方针灸到底有什么区别，也就成了一个悬而未决的问题。

2020 年 8 月 12 日，美国哈佛大学的科学家在《神经元》杂志发表论文，部分解释了针灸的作用基础，特别是通过两个不同穴位的比较，解释了为什么针灸不同穴位能起到不同的作用[3]。这项研究的设计非常复杂，这里我为你提炼一下精髓。简单来说，哈佛大学的马秋富实验室重点关注了两个穴位——位

---

1 Rafael Torres-Rosas, et al. "Dopamine Mediates the Vagal Modulation of the Immune System by Electroacupuncture," *Nat Med*, 2014.

2 Frieda A. Koopman, et al. "Vagus nerve stimulation inhibits cytokine production and attenuates disease severity in rheumatoid arthritis," *PNAS*, 2016.

3 Shenbin Liu, et al. "Somatotopic organization and intensity dependence in driving distinct NPY-expressing sympathetic pathways by electroacupuncture," *Neuron*, 2020.

于小鼠后腿上的足三里和位于小鼠腹部的天枢穴。他们发现，用电针刺激天枢穴或者足三里，都能很好地缓解小鼠的败血症病情，把患病小鼠的死亡率降低 2/3。

但是两个穴位对针灸的反应，却存在很微妙的区别。刺激足三里只需要 0.5mA 的微弱电流，而且不管是小鼠得败血症之前预先刺激，还是得病之后再刺激，治疗疾病的效果都不错。相反，如果刺激天枢穴的话，就一定要 3mA 的高强度电流才管用，而且一定要在发病前预先刺激，发病以后再刺激反而会让病情恶化。

换句话说，下针的部位、下针的强度和下针的时机，三者共同决定了针灸的效果。而这些指标，本来就是针灸技艺里特别重要的。从这个角度说，这项研究虽然不能说是给传统针灸技艺背书，但至少说明传统针灸经验里的很多关注点可能还真是有现实意义的。

为什么会存在这些区别呢？

马秋富教授的团队对此做出了一些解释。他们证明，在不同的部位下针，激活的是不同的神经系统的组成部分。低强度刺激足三里，能够通过迷走神经系统刺激肾上腺分泌多巴胺等神经信号分子，起到降低炎症反应的作用；而高强度刺激天枢穴，则是通过刺激脾脏去甲肾上腺素的分泌来调节炎症反应。如果分别杀死这些神经细胞，针灸这两个穴位的作用就会消失。

换句话说，所谓的不同穴位，其实就是能够和不同的神经系统产生联系的身体位置。这样看来，传统医学里那么多的穴位、复杂的针灸手法,可能就是为了保证在合适的时机、合适的位置,对人体的神经系统进行合适强度的刺激。这应该是生物学家能对针灸做出的比较合理的解释了。

当然,传统医学主要是对经验的总结。既然是对经验的总结,里面一定是鱼龙混杂的,因为古代医生很难判断什么经验是真正有效的、什么经验仅仅是偶然的巧合甚至是完全错误的。打个比方,一包草药煮好喝下去,或者一针扎下去,患者觉得舒服多了,很多时候医生们并不知道到底是草药或者针灸的作用,还是安慰剂效应,又或者患者的疾病本来就会慢慢好转。也正是因为这样,很多研究者一直努力用现代科学和医学的逻辑重新梳理和检验传统医学的经验,去粗取精,去伪存真。

就拿这项研究来说吧,对于我而言,一个特别重要的启发是该如何定义穴位。

传统医学的实践里,很多穴位的具体位置是挺模糊甚至存在争议的。比如足三里,大致位置在膝盖骨外侧下方凹陷往下约4指宽的地方。不同的患者、不同的医生,可能找到的足三里位置都有细微的差别。还有些穴位,甚至不同医书的记载都不同。既然是这样,我们有没有办法给穴位做出一套客观的定义标准呢?

拿足三里和天枢穴做例子吧。现在我们知道,这两个穴位能够激活不同的神经系统组分、降低炎症反应。可它们到底是怎么和不同的神经系统组分联系起来的?是不是因为这两个穴位的皮肤下面分布着很多特殊的神经末梢,能够传递特殊的神经信号？如果确实如此，穴位的位置是不是可以干脆根据这些神经末梢的分布来定义？做个 CT 扫描就能定位，不需要用类似几根手指宽这样的模糊描述了。

类似地，我们是不是还能发现一些新的穴位，也就是那些和特定神经系统有紧密联系的身体表面部位？此外，除了减少炎症反应，刺激穴位还有没有别的功效？这些功效背后的原理是什么？除了刺激神经系统，穴位还有没有别的作用机制……

你看，这就是这项研究让我兴奋的地方。就像屠呦呦根据传统医书的记载，从青蒿里提取出了疟疾特效药青蒿素一样，也许从这项研究开始，我们也将慢慢把传统的针灸技艺里的精华纳入现代化的系统中来。

14　　　　　"吃啥补啥"的生物学解释

　　只要是中国人，大概都或多或少受到过"食疗"这个概念的影响，也就是通过饮食调节身体状态、治疗疾病。特别是所谓的"吃啥补啥""以形补形"的理念，比如吃红色的大枣补血、喝骨头汤补钙、吃核桃补脑等说法，我想你一定听说过不少。

　　但与此同时，这些说法也是许多科普文章的重点批评对象。毕竟在现代生物学的范畴里，不管吃了什么食物，都要被人体消化系统研磨、破坏、消化分解成非常简单的化学物质，比如葡萄糖、氨基酸、微量元素等，才能被人体吸收利用。不管核桃长得多像人脑、猪骨头和人骨头长得多像，吃下肚子一路消化分解，最后都是一堆生物体需要的最基本的原材料。按照这个理解，吃啥补啥、以形补形从逻辑上就是不可能成立的。

　　但是一直以来，生物研究圈子里有一个特立独行的案例给正反双方都出了一个难题——

　　南京大学生命科学学院的张辰宇教授，在过去十年里一直在关注这么一个问题：食物里有一类叫作"微小RNA"（microRNA）的化学物质，好像可以躲避被彻底分解的命运，直接被人体吸收，从而调节人体基因的活动，甚至改变人体正常的生理功能。

微小 RNA 这一类分子其实在复杂生物体内非常丰富，人体就能自己生产超过 2000 种不同的微小 RNA 分子。这类分子结构很简单，就是长度在 20 个碱基左右的一条核糖核酸片段。

我们知道，人体的 RNA 分子主要用来指导蛋白质生产。而微小 RNA 分子的长度太短，不能直接生产蛋白质，但可以通过一些复杂的生物学过程，干扰其他 RNA 分子的作用，影响蛋白质生产的效率。当然，这些说的都是同一个生物个体，一个生物自己生产出来的微小 RNA 分子，能影响自己生产蛋白质的效率，本质上是生命体内部的自我调节机制。

但是在 2012 年，张辰宇实验室发表了一篇在日后引起了巨大争议的论文。他们声称，稻米里含量丰富的几个微小 RNA 分子，特别是一个叫 MIR168a 的分子，在人体里竟然也相当丰富。看起来，它们可以通过消化系统进入血液和人体器官，甚至还可以调节人体一个叫作 *LDLRAP1* 基因的活性，影响人体的血脂水平[1]。

换句话说，张辰宇他们发现了一个物种之间的远距离调节机制——大米饭当中的微小 RNA 竟然能够直接进入人体，影响人体的基因活动。

从逻辑上说，如果张辰宇的研究属实，那食物提供给人体的就不光是简单的营养物质了，还有足以影响人体运行的生物学信息。这样的话，食物和人体的关系就变得非常复杂了。

---

1 Lin Zhang, et al. "Exogenous plant MIR168a specifically targets mammalian LDLRAP1: evidence of cross-kingdom regulation by microRNA," *Cell Research*, 2011.

比如，是不是吃啥补啥、以形补形还真可能有那么一点生物学依据？是不是人吃了什么食物，就会受到这些食物当中特殊的微小 RNA 分子的影响，所以人和人之间、人群和人群之间的差异可能是吃的东西不同导致的？还有，是不是转基因食品就更加危险？毕竟那里头除了天然的微小 RNA，可能还有人工形成的微小 RNA 在发挥无法预测的作用……

这个非常反直觉甚至有点耸人听闻的研究马上引起了各种争议。从技术上说，RNA 分子是一类特别脆弱的化学物质，很多人压根不相信大米里的微小 RNA 居然能在蒸米饭的过程中保持完整，还能一路穿越人体消化道被完整吸收。也有人质疑，张辰宇他们在人体内检测到的大米的微小 RNA，可能是试验样品被污染的结果。

平心而论，我自己曾经对这些发现也是充满怀疑的。毕竟生物学的主流认知一直都是，食物会被彻底分解破碎，然后以最简单的形态被人体吸收利用；毕竟食物里的微小 RNA 能直接干扰人体功能，也基本只是张辰宇实验室的一家之言。要知道，科学界一个不成文的规则就是——非同寻常的声明，需要非比寻常的证据支持。

面对这些质疑，在过去的十年里，张辰宇实验室一直在持续进行这方面的研究。2020 年 8 月 17 日，他们在《细胞研究》杂志发表了一篇新论文，为我们接近真相提供了非常重要的线索[2]。

2 Qun Chen, et al. "SIDT1-dependent absorption in the stomach mediates host uptake of dietary and orally administered microRNAs," *Cell Research,* 2020.

在这篇论文里，张辰宇实验室发现，动物体内一个名叫SIDT1的蛋白质，看起来专门负责将微小 RNA 分子从细胞外运输到细胞内。而在小鼠胃黏膜细胞的细胞膜上，这个 SIDT1 蛋白质含量很丰富。更重要的是，删除小鼠体内这个 SIDT1 基因之后，研究者确实发现，小鼠对食物中微小 RNA 的吸收效率大大降低。从这些现象出发，他们提出了一个猜测——食物中的微小 RNA 分子，可能就是在胃部被吸收然后进入人体发挥功能的。

这项研究为什么重要呢？

因为在此之前，我们充其量只是有一些对现象的观察和描述，比如吃了大米饭之后，人体或者动物体内出现了一些本来只应该出现在大米当中的微小 RNA。哪怕是张辰宇本人，大概也无法解释这个现象到底是怎么出现的。但现在我们知道，如果没有 SIDT1，动物就没法吸收和利用食物中的微小 RNA 分子。这反过来可能就说明，在正常情况下，食物当中的微小 RNA 分子确实是可以进入动物体内的，而这个过程需要 SIDT1。

在问题仅仅停留在观察和描述的时候，争论双方往往会陷入自说自话的僵局。你说你在人体内找到了大米的微小 RNA，他说他做了一样的实验什么都没看到，我作为吃瓜群众不知道该信谁。就算我自己做了一遍实验，如果没有重复出张辰宇的发现，我也不知道是不是我的实验操作哪里做得不对。但是，发现了 SIDT1 这个蛋白质之后，科学家就可以直接去验证和拓展张辰宇的发现了。

比如，我可以去研究一下 SIDT1 这个蛋白质，看看它是不是真的可以运输微小 RNA 分子、是怎么运输的；你可以去看看如果人体缺乏 SIDT1，是不是就不会吸收微小 RNA 了；他也可以看看别的食物当中，有没有什么其他的微小 RNA 分子也能通过 SIDT1 运输……这个充满争议的领域，第一次拥有了一个能够被第三方快速检验、从而一锤定音下结论的机会。

当然，我还是得强调一下，对于食物里的微小 RNA 是不是真的能进入人体、干扰人体功能，我其实还是将信将疑的。还是那句话，非同寻常的声明，需要非比寻常的证据。我们常说"孤证不立"，来自第三方实验室的重复和证明是必不可少的。

不过我们倒是不妨先畅想一下，如果这个理论真的得到证实，那意味着什么呢？

至少我们可以说，地球生物之间的关系远比我们曾经认知的复杂。就说一条简单的食物链吧——羊吃草，人吃羊，人死了之后尸体分解又被草吸收利用。传统上认为，在这个过程中，物种之间传递的无非就是各种化学物质和能量罢了。

但是换一个全新的视角，通过微小 RNA 分子，甚至可能还有别的化学物质，物种之间其实还在传递更加精细和丰富的生物学信息，甚至可以说，物种之间在直接对话。羊吃草的时候，草里的微小 RNA 可能会直接干预羊的生活；人吃羊的时候，羊肉里的微小 RNA 可能会干预人体的活动；人死之后，可能我们体内的微小 RNA 还会影响泥土里微生物和植物的状态。如果这一切得到证实，地球生态系统还真的可以看作一个有机的整体，而人和环境的关系也远远不只是索取和利用那么简单。从某种意义上说，人类的世界观都会因此而重塑。

当然，在畅想这一切之前，我们还是先耐心等待来自更多实验室的进一步研究吧。

如何理解一种全新疾病

15 "灵魂出窍"是怎么回事

"灵魂出窍"这个词，我们日常也会用，一般就是用来描述很爽、很过瘾的情绪。但有意思的是，实际上有人真的能体验到这种感觉。

比如说，有一类叫作"解离型精神障碍"的疾病，患者就会出现类似灵魂出窍、灵魂和身体分离的感觉。还有一类毒品，包括臭名昭著的"K粉"氯胺酮、"天使之尘"苯环利定，服用下去也有类似的效果。据说，它们会让人感觉自己的灵魂慢慢飞升、离开身体，甚至能回过头静静观察自己的四肢如何摆放、自己的脑子出现了什么想法。有时候，还会产生各种真实场景里没有的幻觉，比如看到小人跳舞、空间扭曲，听到奇幻的声音等。至少根据当事人的描述，这种灵肉分离、灵魂出窍的感觉是实实在在的。因此，这类毒品也被称为"解离型毒品"。

每年，都有人吃了云南山里的蘑菇，出现各种奇奇怪怪的幻觉的新闻。在不少传统宗教里，巫师们会用各种植物和蘑菇做成药物，诱导信徒体验灵魂出窍的感觉。可以想象，一般人哪里扛得住这种经历，很容易就臣服在某种宗教教义的解释之下了。

当然，在现代科学的框架下，人的智慧不管再神奇，也无非是大脑中几百亿个神经细胞活动的结果而已，我们当然不相信人的脑袋里真的住着一个能够独立存的灵魂，更不相信这东西在特殊条件下能够离开身体到处飘浮，还长了眼睛能回头观察自己的身体。但是不相信归不相信，这种体验的生物学解释又是什么呢？

你可能觉得这个问题有点太科幻，科幻到不属于我们这个时代。但 2020 年 9 月 16 日，美国斯坦福大学的科学家们在《自然》杂志上发表了一篇论文，居然真的为灵魂出窍找到了一个看起来很靠谱的解释[1]。

这项研究的逻辑其实挺容易理解的。既然"K 粉"这种毒品能够引起灵魂出窍的体验，科学家们为了科研需要，就给小鼠注射"K 粉"，然后通过显微镜观察小鼠大脑不同区域的神经电活动有没有什么变化。结果他们发现，在整个大脑皮层区域，只有一个叫作"压后皮质"的区域，在注射"K 粉"以后很快出现了频率很低、只有 1~3 Hz 的规律脑电波活动，有点像一个小灯泡以每秒亮 1~3 Hz 次的频率闪烁。等过了 45 分钟，也就是"K 粉"渐渐失效的时候，这种规律闪烁就停止了。

这个压后皮质的区域大概在小鼠大脑中间偏后的位置，可能和学习记忆这些功能有关，本来根本没有人觉得，它会和灵魂出窍这种玄乎的东西有关。因此，看到这个现象，科学家们自然需要进一步确认。结果他们发现，除了"K 粉"之外，别

---

1 Sam Vesuna, et al. "Deep posteromedial cortical rhythm in dissociation," *Nature*, 2020.

的解离型毒品对压后皮质的活动也有类似的调节作用，而其他药品，麻醉剂也好，致幻剂也好，抗焦虑药物也好，都没用。

难道说灵魂出窍的体验，就是这个压后皮质区域的这种规律性活动导致的？

为了回答这个问题，科学家们利用微型电极对数以百计的大脑神经细胞进行了更精细的活动记录，结果发现了一个更有意思的变化：

在注射"K粉"之后，压后皮质的神经细胞的活动和大脑其他区域的神经细胞，出现了明显的脱节。在正常状态下，因为大脑神经细胞之间存在大量直接或者间接的联系，它们的活动总是或多或少会步调一致，一起开启，一起关闭，因此就产生了我们熟悉的脑电波。但是"K粉"一针下去，别的神经细胞还好，压后皮质的神经细胞却开始自作主张了，它们自己内部还仍然会步调一致，产生 1~3 Hz 的规律活动，但是这种活动和大脑其他区域脱节了。当然必须强调一句，这里所有注射"K粉"的操作，都是为了科研中实验的需要。

这就很有意思了。我们刚刚描述了灵魂出窍的体验，听起来就是一种灵魂离开身体，还能回头观察自己的身体和思想的过程，对吧？这个状态和压后皮质的神经细胞活动脱节，似乎有那么点像？

小鼠不会说话，当然无法描述自己的精神体验。但是，科学家们用了一个很有意思的办法，来测试这种灵魂出窍的感觉在小鼠体内到底存不存在。

正常情况下，如果让小老鼠的前爪触碰一块很热的金属板，小老鼠挨了烫，会快速收回前爪，同时忍不住去舔舔爪子。你要是养过小狗、小猫、小孩子，可能会知道我在说什么。这两种反应听起来好像差不多，但性质有点不同——缩爪子，是遇到危险的本能逃避反应；而舔爪子，则带了那么点儿受伤以后自我安慰的感情色彩。

科学家们发现，注射"K粉"以后，小老鼠遇热缩爪子的反应没变，但是却不怎么舔爪子了。对此，研究者的解释是，小老鼠可能进入了灵魂出窍的状态，身体基本的防御反应还在，但是飞升的灵魂却感觉不到痛苦悲伤了，只是冷静地做个旁观者，因此就不再疗伤了。

当然，这个解释肯定是有点牵强的。毕竟老鼠不乐意舔爪子可以有各种各样的解释，说不定人家就是不喜欢这个动作呢，扯不到灵魂出窍上。

不过比较幸运的是，这群科学家恰好找到了一个正在接受治疗的癫痫患者，他时不时就会出现灵魂出窍的体验。

在这位患者大脑里，科学家们居然发现了一模一样的现象。在患者说自己正体验灵肉分离、白日飞升、大脑里分出了几个小人彼此聊天的时候，他大脑里的压后皮质区域也出现了非常类似的现象——频率在3 Hz左右的规律神经活动。尽管只有一个人类患者的数据，但还是让科学家们更坚信自己找到了灵魂出窍的生物学解释。

但是请注意，截至现在，所有的数据都仅仅还是相关性数据——老鼠或者人，在出现灵魂出窍的体验的时候，大脑压后皮质的神经细胞会出现规律活动，并且和其他大脑区域的活动脱节。这本身不说明两者有因果关系。

想要证明因果关系，我们就得人工操纵压后皮质的神经电活动，模拟出那种 $1\sim3\,Hz$ 的规律活动，然后看看老鼠或者人是不是真的灵魂出窍了。神经科学的技术进步，使这件事已经不是问题了。在这篇论文里，科学家们先是用了一种叫作"光遗传学"的办法，在小鼠脑袋里利用蓝光和黄光交替闪烁，刺激小鼠的压后皮质神经细胞，人为创造出 $2\,Hz$ 的规律性神经活动，果然就发现，小老鼠遇热也不太愿意舔爪子了。然后他们又用微电极，在那位人类患者脑袋里激发了类似的电活动，那位患者确实立马体会到了灵魂离体的感觉。

这样一来，数据就形成了闭环。灵魂离体的时候，大脑一个特殊区域的神经细胞出现了一种特殊的电活动；而如果人为诱发这种电活动，也能够诱导出灵魂出窍的体验。

不知道听到这儿你有什么想法，我反正读论文的时候是很兴奋的。灵魂出窍可能是人脑出现的最神奇的一种体验，原本我很难想象，但是没想到，就在 2020 年，我竟然有机会看到这样一个很简单但是合乎逻辑的科学解释。做科学研究的快乐可能正在于此吧，在走向未知世界的道路上，天知道你每天都会碰到什么。

当然，和所有重要的发现一样，这项研究在解决了一些问题的同时，提出了更多的新问题。

为啥压后皮质这么特别呢？这个区域为啥会出现这种1~3 Hz 的规律性活动？这种活动意味着啥？和人类的自我意识有什么关系？为什么当这个压后皮质和其他大脑区域活动脱节，人就会出现灵魂出窍的体验？是不是说压后皮质本来就扮演了一个大脑其他区域观察者和指挥者的角色，负责监督其他大脑区域的活动？还有，为啥"K 粉"这样的毒品会专门干扰这个地方的活动？人类的多重人格障碍和这个区域有没有关系……

我甚至觉得，这些问题的背后，其实隐藏着人类智慧的关键秘密，特别是咱们人类如何产生自我意识，如何建立起独一无二的身份认知，如何形成复杂的社会并展开合作和交流。但这些，我们只能等待后续的研究进展了。

如何理解一种全新疾病

16　　　新型神经信号检测器

　　大脑的功能，特别是人类智慧的生物学基础，可能是现代科学最神秘、最难以解答的问题。受过基本科学训练的人应该都相信，不存在什么虚无缥缈的灵魂，人脑的所有复杂功能应该都有实实在在的物质基础，人类智慧就隐藏在那个仅有3磅重，由大约860亿个神经细胞彼此缠绕和连接形成的复杂神经网络当中。

　　因此，想要最终了解人类智慧，我们就需要知道这个复杂神经网络的工作原理。利用电子显微镜，人们可以识别和追踪这张神经网络的结构信息，看看哪个神经细胞通过什么方式和哪些神经细胞产生了联系。利用微电极记录和光学成像的技术，人们可以实时观察这张神经网络的功能信息，看看哪个神经细胞在什么时候活跃，什么时候安静，能被什么信号激发，又能传递出什么信号。

　　但是除了这些结构和功能信息之外，想要理解这张神经网络的工作原理，人们还需要第三层信息——化学信息。更具体地说，相连的人脑神经细胞之间往往是通过化学物质传递信息的，一个神经细胞开始活跃之时，会释放一些特殊的化学物质——人们叫它神经递质——进入细胞外空间，这些化学物质被邻近的神经细胞探测到，就能引发这些细胞的活跃。这样一来两个神经细胞之间就完成了一次简单的信号"接力"。长期以来，尽管理解神经网络结构和功能信息的工具越来越先进，但是理解其化学信息的工具却始终非常匮乏。说得通俗一点，就像面对一块集成电路板，人们知道每个元件长什么样子、彼此怎么连接，也知道每个元件什么时候开动，什么时候关闭，但就是不知道元件之间是靠什么东西互相通信的。

神经网络化学信息的探测技术，正是北京大学生命科学学院的李毓龙教授实验室的专长。2018年，他们实验室首先开发了一种工具，能够灵敏检测大脑中一种叫作乙酰胆碱的神经递质信号。不过很遗憾的是当时我还没有开启"巡山报告"，错过了第一时间把这项成就介绍给你的机会[1]。不过在2020年9月28日，李毓龙实验室对这个工具做了一次大升级，我终于可以把它的来龙去脉给你说清楚了[2]。

具体来说，李毓龙他们的工作是想实现这样一个目的：他们想发明一个专门针对乙酰胆碱这种化学物质的探测器，把它放进神经细胞内部。它的工作方式就有点像我们熟悉的检测放射线的盖革计数器，当这个探测器接收到来自周围的乙酰胆碱信号的时候，这个探测器就被激发，发光或者发出声响通知科

1　Miao Jing, et al. "A genetically encoded fluorescent acetylcholine indicator for in vitro and in vivo studies," *Nature Biotechnology,* 2018.

2　Miao Jing. et al. "An optimized acetylcholine sensor for monitoring in vivo cholinergic activity," *Nature Methods*, 2020.

学家。有了这个工具，神经科学家们就可以方便地掌握神经网络的化学信息，知道在何时何地，神经细胞之间是通过哪种化学物质传递信息的了。

具体是怎么实现的呢？

李毓龙他们并没有从零开始设计这个探测器。生物学家们一个普遍的信念是，在绝大多数时候，大自然已经为我们准备好了各种趁手的工具，毕竟亿万年进化的筛选会比科学家拍脑袋的力量更大。李毓龙他们找到了一个天然存在的，能够结合乙酰胆碱的蛋白质分子——乙酰胆碱的 M3 型受体。然后在这个受体分子的中间部位插进去了一个能够发出绿色荧光的蛋白质分子，制造了一个半天然半人工的乙酰胆碱探测器。最终的结果就是，如果这个探测器和乙酰胆碱相结合，就会发生一个三维结构上的变化，绿色荧光蛋白就被扭到了一个合适发光的位置，科学家们在显微镜下就能看到绿色的光信号。如果没有乙酰胆碱，那么这个探测器就保持原状不发光。

当然这话说起来容易，背后涉及大量的工程学优化工作：选取哪个物种的哪个乙酰胆碱受体，在它的哪一段插入绿色荧光蛋白，插入哪一个绿色荧光蛋白，然后又是通过什么手段把这两个蛋白质连在一起的，所有这些细节都需要大量的反复测试和筛选。最终，李毓龙他们得到了一个相当不错的乙酰胆碱检测器，也证明了它能够在小鼠和果蝇的大脑里正常工作，通过发光来通知科学家们，这会儿是不是又有乙酰胆碱正在周围聚集了。

在 2020 年这项新的研究里，李毓龙他们又对这个乙酰胆碱探测器做了一次大升级。他们特别针对探测器内部，乙酰胆碱受体和绿色荧光蛋白相连接的部位进行了大规模的调试，最终找到了一个不管是基础亮度还是反应强度都要比之前版本强几倍的新探测器。这个新版探测器在显微镜底下更亮、更容易识别，在捕捉到周围乙酰胆碱信号之后亮度的变化也更剧烈、更容易被捕捉。

对于一种工具来说，技术参数的进步往往意味着能有更多人、在更广泛的场景里使用这种工具。比如说，李毓龙他们也证明了，新版的乙酰胆碱探测器因为信号强度更优秀，在活体果蝇大脑，甚至在运动中的小鼠大脑中，这些光学信号质量比较一般而且在波动很大的场景下，都能够非常好地工作。

其实，除了乙酰胆碱的探测器之外，李毓龙实验室在过去 2 年还陆续开发了针对其他神经递质的化学信号探测器，包括多巴胺、去甲肾上腺素、腺苷等。我想他们的野心，也许是最终把大脑中被用来传递信号的化学物质一网打尽，开发出一整套探测器供大家使用。这样一来，神经网络的结构信息、功能信息、化学信息，就真正有了被"三位一体"地发掘和整合的机会，人类距离理解大脑的工作原理，可能又迈出了大大的一步。

另外，这些工作还有一重特别的价值。我很欣赏生物学家、诺贝尔奖得主西德尼·布伦纳（Sydney Brenner）的一句话，"科学的进步，依赖于新技术、新发现和新思想；而且这三者的相对贡献也是从大到小"（Progress in science depends on new techniques, new discoveries and new ideas, probably in that order")。

在生命科学史上，新技术的发明也确实一次次在推动基础理论和临床应用的革命。但是从历史上来看，咱们中国本土科学家尽管正在做出越来越重要的工作，但是在发明原创性技术方面的贡献却是比较欠缺的。李毓龙教授的工作，是这个领域里特别珍贵的存在。

17　发现"好吃懒做"基因

　　在人类进入工业化时代以后,以肥胖和糖尿病为代表的"富贵病""现代病"就开始以惊人的速度占领人类世界。今天,在世界各地的都市乡村,随处可见大腹便便的超重人士,在肥胖问题最严重的美国,成年人口超过半数存在超重问题。全球糖尿病患者总数已经接近 5 亿人,光咱们中国就有超过 1 亿糖尿病患者。

　　人类辛辛苦苦建立文明,一大目标就是为了永久性地摆脱饥饿,但刚刚摆脱饥饿,就开始遭受肥胖和糖尿病的困扰,这个现象曾经困扰了许多科学家、医生和公共政策制定者。为了解释这个问题,遗传学家詹姆斯·尼尔(James V. Neel)在 20世纪 60 年代提出了一个著名的但一直充满争议的理论——"节俭基因"理论。

　　这个理论其实挺简单,尼尔认为,在进化史上,人类祖先经历了漫长狩猎采集阶段,经常过的是饥一顿饱一顿的苦日子。这样的生活环境筛选出了一批"好吃、懒做、耐饿"的人类个体,他们遇到好吃的就会尽量多吃储存能量,吃饱了肚子就尽量少消耗,但饿肚子的时候能多忍耐一会儿。从直觉上说,这样的个体当然能够更好地适应饥饿和匮乏,而这些人携带的基因也因此流传到了今天。

但是到了现代社会，在短短一两百年的时间里人类生产出了非常丰富的粮食，而且大多数人不再需要高强度体力劳动也能赚到生活费。在这样的环境里，那些曾经性命攸关的借鉴基因，反而成了麻烦和累赘。它们的变化远没有人类世界的经济发展速度快，会让我们仍然顽固的保有多吃少动的本能，肥胖和糖尿病就因此而流行起来。

从逻辑上说节俭基因的理论是挺有说服力的，但是它也同样遭受了不少来自学术界的批评。有人怀疑人类祖先经历的匮乏期不够长、强度不够大，可能不足以筛选出什么特定的节俭基因。有人挑战说既然全人类的祖先都经历了匮乏，那按说我们每个人体内都应该携带着节俭基因才对，既然如此为啥有的人喝凉水都能胖，有的人怎么吃还挺瘦？我觉得，节俭基因理论最大的麻烦在于，它固然提供了一个逻辑上能自圆其说的模型，但是半个多世纪以来一直缺少一锤定音的证据：你既然说有节俭基因，你倒是找一个给我看看啊？

那传说中的节俭基因，如果真的存在，应该是什么样呢？

还是从逻辑上推测，它至少应该满足三个标准：第一，它应该能够起到"好吃、懒做、耐饿"作用；第二，在漫长的进化史上它应该起到了积极作用，换句话说，在历史上它应该始终是被进化所青睐的；第三，在现代生活环境里，它应该能导致肥胖和糖尿病。

2020年10月14日，来自美国麻省总医院的科学家们在《细胞》杂志上发表论文，还真的找到了一个符合上述三个标准的节俭基因——*mir-128-1*[1]。

长话短说，这个基因位于人体第 2 号染色体的中间部位。人们其实很早就知道那个区域看起来在过去的数千年历史上是持续地被进化青睐、持续地被正向选择的。只不过这个区域有 6 个基因，一直也说不清楚到底哪个基因才是问题的关键，又是因为什么被进化青睐的。

这项新的研究把目光聚焦在了 *mir-128-1* 这个基因上。研究者们发现，如果破坏小鼠体内的 *mir-128-1* 基因，小鼠会生活得更"健康"：体重更轻，脂肪更少，血脂更低，血糖调节更灵敏，身体能量消耗反而更高。

更进一步的，科学家们还给小鼠喂食高脂肪的垃圾食品，诱导出肥胖、糖尿病等代谢疾病来。结果发现如果人为破坏 *mir-128-1* 基因的功能，小鼠还能在一定程度上抵御这些代谢疾病的威胁。

所以你看，破坏了 *mir-128-1* 基因，小鼠就更健康、更不容易患肥胖和糖尿病，这不正好说明，正常的 *mir-128-1* 基因的功能就是一个节俭基因，会让小鼠更加好吃懒做，让小鼠更容易得糖尿病吗？再加上人类的 *mir-128-1* 基因看起来也确实长期被进化青睐。看起来，这就是一个非常完美的节俭基因的案例了。

那这个 *mir-128-1* 基因是干什么的呢？这就更有意思了，它

---

[1] Lifeng Wang, et al. "A microRNA linking human positive selection and metabolic disorders," *Cell*, 2020.

是通过干扰其他基因的功能，来间接发挥作用的。*mir-128-1* 基因属于一类叫作"微小 RNA"(microRNA) 的基因家族。这类基因体形很小，不足以独立生产蛋白质分子，但是它们能够和细胞内其他 RNA 分子结合，影响其他蛋白质分子的生产。而一般来说，一个微小 RNA 基因，可以轻松影响几十上百个基因的活动，执行的是不折不扣的"宏观调控"任务。

那这样一说感觉就很有意思了，第一个实锤找到的节俭基因，就是一个生来要做大事的微小 RNA，这个从道理上也很说得通。通过选择这么一个基因，就能以一及百地同时影响很多基因，强有力地影响动物的能量摄入、储存和消耗，这件事特别能体现生物进化的力量。

也许，特别关注自己体型、关注自己长期健康的人，很快就可以去给自己做个节俭基因检测，看看自己是不是得特别重视肥胖和糖尿病风险了吧？

致谢

这本书能够顺利和你见面，首先要感谢《得到》APP 的三位朋友：罗振宇、脱不花、宣宣（宣明栋）。那天餐桌上的一次闲谈，直接催生了这个长期追踪生命科学最新进展和重要节点性事件的项目。罗胖那天说的一句话至今让我印象深刻：在这个热闹浮躁的时代，认认真真做一件事，而且长期做下去，价值就会自然浮现。也记得宣宣的一句"大王叫我来巡山"，直接敲定了这个大工程的名字。

也非常感谢邵恒、老耿（耿利杰）、Emma（张宫砥擎）、代娇（恰恰）、马想，你们的努力让更多的人看到、听到了我的《巡山报告》。

在本书成文的过程中，我经常从许多位科学界、传媒界、产业界朋友那里获得重要的信息和洞见：胡霁、沈伟、李浩洪、刘翟、李太生、张文宏、周青、董海龙、马秋富、仇子龙、鲁伯埙。在这里要对他们表达感激。

感谢湖南科学技术出版社的李蓓编辑。她在第一时间就表达了对《巡山报告》的喜爱，也始终尊重我对这个长期项目的规划和定位。希望我们可以长期合作。

感谢我亲爱的家人：我的妻子沈玥，两个女儿洛薇和洛菲，我的爸爸妈妈。你们的支持和理解让我能够开始这项试图战胜时间的实验。

当然，最后更要感谢正在阅读本书的你。就像我在本书开头所说，未来在我们这一代人的手中，在我们这一代人的眼里。欢迎你和我一同踏上这趟穿过历史、走向未来的旅程。如果你有任何发现和想法希望分享，这里是我的联系方式：微博账号和微信公众号——王王王立铭；电子邮箱——lmwang83@vip.163.com。

未来二十九年，我们不见不散。

图书在版编目（CIP）数据

如何理解一种全新疾病 / 王立铭著 . —长沙：湖南科学技术出版社，
2021.1（巡山报告）
ISBN 978-7-5710-0891-8

Ⅰ . ①如⋯ Ⅱ . ①王⋯ Ⅲ . ①生命科学－普及读物 Ⅳ . ① Q1-0

中国版本图书馆 CIP 数据核字（2020）第 271780 号

RUHE LIJIE YIZHONG QUANXIN JIBING
如何理解一种全新疾病

著者
王立铭

策划编辑
李蓓

责任编辑
李蓓　孙桂均

出版发行
湖南科学技术出版社

社址
长沙市湘雅路 276 号
www.hnstp.com

湖南科学技术出版社
天猫旗舰店网址：
http://hnkjcbs.tmall.com

邮购联系
本社直销科 0731-84375808

印刷
长沙市宏发印刷有限公司
（印装质量问题请直接与本厂联系）

厂址
长沙市开福区捞刀河大星村
邮编
410006

版次
2021 年 1 月第 1 版
印次
2021 年 1 月第 1 次印刷

开本
850mm × 1168mm 1/32

印张
8.75

字数
180000

书号
ISBN 978-7-5710-0891-8

定价
48.00 元